단기합격의 완성,
시험에 나오는 빈출 이론 및 문제 만을 엄선!

최신 개정사항 완벽 반영

배울학

2 회로이론
전기(산업)기사·전기공사(산업)기사

-발송배전기술사 **윤석만** 저-

- 중요한 핵심 **이론**
- 시험에 나올 **적중실전문제**
- 이론을 바로 적용한 **예제**

초보자부터 전공자까지 다양한 수험생에게 합격의 방향을 제시해 줄 최적의 수험서
정확한 이론 정립과 이해를 돕는 예제, 출제 가능성이 높은 적중실전문제까지 한 권에 담았습니다

저자 직강 동영상 강의 | 무료강의 학습자료 | 교수님과의 1:1 상담

www.baeulhak.com

머리말

 전기 에너지의 사용은 과거보다 현대 사회에서 점차 증가하고 있습니다. 따라서, 우리는 이러한 전력 에너지의 생산, 전기 시설물의 신축과 유지 관리에 필요한 전문 인력의 양성 및 확보가 이전보다 더욱 중요한 사회에서 살고 있는 것입니다. 앞으로 전기 관련 자격증 보유자의 전망은 그만큼 더욱 밝다고 할 수 있습니다.

전기기사 및 전기공사기사 시험을 준비하는 수험생들에게 회로이론은 전기 자체를 이해하기 위한 가장 기본적인 이론을 다루는 과목입니다. 따라서, 회로이론 한 과목만을 공부한다는 목표를 넘어, 전기에 관한 전반적인 흐름과 기초적인 내용들을 학습한다는 마음가짐을 가지고 기본적인 내용도 꼼꼼하게 학습하면서 기본기를 튼튼하게 다지는 것이 중요합니다.

특히, 회로를 분석하고 다룰 줄 알아야 1차 시험을 준비하거나 다른 과목을 공부할 때에도 많은 도움이 됩니다. 또한 2차 실기를 공부할 때에도 틈틈이 회로이론의 내용이 적용되기 때문에 이점을 유의하여 회로이론을 학습하여야 합니다.

보통 일반적으로 회로이론에 대한 전반적인 지식이 부족한 수험생들이 다른 과목에서도 많은 어려움을 겪고 있는 게 현실입니다. 이는 회로이론이 단지 회로이론 한 과목의 점수에만 영향을 끼치는 것이 아니라 다른 과목들의 공부 과정과 점수에도 상당한 영향을 미친다는 것을 뜻합니다. 회로이론을 미숙하게 공부하여 1차 필기와 2차 실기를 공부할 때에 학습효과를 떨어트린 채 시험 준비를 하지 마시고, 회로이론을 전기의 기초 과목이며 중심 과목으로 인지하고 열심히 공부하여 1차 및 2차 시험의 학습효과를 향상시켜서 좋은 결실을 맺길 기원합니다.

편저자 윤석만

배울학 전기(산업)기사·전기공사(산업)기사

책의 특징

01 전기(산업)기사·전기공사(산업)기사 최단기간 합격을 위한 필기 필수 기본서

- 전기(산업)기사·전기공사(산업)기사 필기 시험을 대비하기 위한 필수 기본서로 출제기준에 꼭 필요한 핵심이론을 수록하였다.
- 효율적인 학습이 가능하도록 구성하였다. 또한, 예제와 적중실전문제를 수록하여 기본부터 실전까지 한 번에 완성할 수 있다.

02 최신 경향을 완벽 반영한 학습구성

최신 경향을 반영하여 단기적으로 학습할 수 있도록 체계적으로 구성하였다.

① 핵심이론 학습 후 바로 예제문제를 통하여 이론을 파악할 수 있다.
② 각 Chapter별 적중실전문제를 통해 빈출문제부터 최근 출제경향문제까지 다양한 유형의 문제를 파악할 수 있다.
③ 과목별로 필요한 핵심이론 및 문제를 한 권으로 집필하여 실전을 완벽하게 대비할 수 있다.

03 엄선된 문제 & 상세한 해설 수록

- 각 문제의 출제 빈도수에 따라 별 개수를 다르게 표시하여 그 문제의 중요도를 파악하고 효율적인 학습이 가능하도록 하였다.
- 모든 문제에 대한 상세한 해설을 수록하여 이해를 높일 수 있도록 하였다.

책의 구성

배울학 전기(산업)기사·전기공사(산업)기사

www.baeulhak.com

01 핵심이론

- 시험에 반드시 나오는 기본이론을 정리하여 체계적으로 학습한다.
- 기본핵심원리와 필수공식으로 이론을 확실하게 정립한다.

02 예제

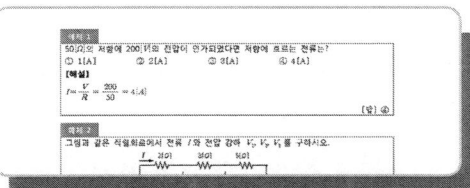

- 이론 학습 후 예제문제 풀이를 통해 취약점을 보완할 수 있다.
- 기본이론과 필수공식을 문제에 바로 적용하여 이론에 대한 이해와 암기 지속시간을 높이고 실전능력을 기른다.

03 적중실전문제

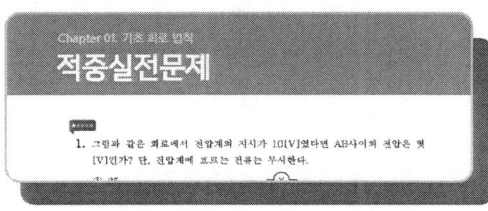

- 30여년 간의 과년도 기출문제를 완벽하게 분석하여 정리한 빈출문제 및 최근출제경향문제를 각 Chapter별로 수록하여 실전 적응력을 높일 수 있도록 한다.
- 문제의 중요도를 파악할 수 있도록 출제 빈도수를 표시하여 학습 효율성이 증대되도록 한다.

전기기사 · 산업기사 안내

| 개요

전기를 합리적으로 사용하는 것은 전력부문의 투자효율성을 높이는 것뿐만 아니라 국가 경제의 효율성 측면에도 중요하다. 하지만 자칫 전기를 소홀하게 다룰 경우 큰 사고로 이어질 수 있기 때문에 안전에 주의해야 한다.
그러므로 전기 설비의 운전 및 조작, 유지·보수에 관한 전문 자격제도를 실시해 전기로 인한 재해를 방지하여 안전성을 높이고자 자격제도를 제정한다.

| 전기기사 · 산업기사의 역할

· 전기기계기구의 설계, 제작, 관리 등과 전기설비를 구성하는 모든 기자재의 규격, 크기, 용량 등을 산정하기 위한 계산 및 자료의 활용과 전기설비의 설계, 도면 및 시방서 작성, 점검 및 유지, 시험작동, 운용관리 등에 전문적인 역할과 전기안전 관리를 담당한다.

· 한 공사현장에서 공사를 시공, 감독하거나 제조공정의 관리, 발전, 소전 및 변전시설의 유지관리, 기타 전기시설에 관한 보안관리업무를 수행한다.

| 전기기사 · 산업기사의 전망

· 발전, 변전설비가 대형화되고 초고속·초저속 전기기기의 개발과 에너지 절약형, 저 손실 변압기, 전동력 속도제어기, 프로그래머블콘트럴러 등 신소재 발달로 인해 에너지 절약형 자동화기기의 개발, 또 내선설비의 고급화, 초고속 송전, 자연에너지 이용확대 등 신기술이 급격히 개발되고 있다. 이에 따라 안전하게 전기를 관리할 수 있는 전문인의 수요는 꾸준할 것으로 예상된다.

· 「전기사업법」 등 여러 법에서 전기의 이용과 설비 시공 등에서 안전관리를 위해 자격증 소지자를 고용하도록 하고 있어 자격증 취득시 취업이 유리한 편이다.

전기기사 · 산업기사 자격증의 다양한 활용

취업

- 한국전력공사를 비롯한 전기기기제조업체, 전기공사업체, 전기설계전문업체, 전기기기 설비업체, 전기안전관리 대행업체, 환경시설업체 등에 취업
- 전기부품·장비·장치의 디자인 및 제조, 실험과 관련된 연구를 담당하기 위해 생산업체의 연구실 및 개발실에 종사하기도 함

가산점 제도

- 6급 이하 및 기술공무원 채용 시험 시 가산
- 공업직렬의 항공우주, 전기 직류와 해양교통시설 직류에서 8·9급 기능직, 기능 8급 이하일 경우 5%(6·7급 기능직, 기능 7급 이상일 경우 3 ~ 5%의 가산점 부여)
- 시설직렬의 도시계획, 일반토목, 농업토목, 교통시설, 도시교통설계직류에서 8·9급, 기능직 기능 8급 이하(6·7급, 기능직, 기능 7급 이상일 경우 5% 가산점 부여) ⇒ 기사만 해당
- 한국산업인력공단 일반직 5급 채용 시 필기시험 만점의 6% 가산
- 경찰공무원 채용 시험 시 가산점 부여

우대

- 국가기술자격법에 의해 공공기관 및 일반기업 채용 시 그리고 보수, 승진, 전보, 신분보장 등에 있어서 우대

전기공사기사 · 공사산업기사 안내

개요

전기는 우리의 일상생활에서뿐만 아니라 전 산업분야에서 필수불가결한 기본 에너지이지만 전력시설물의 시공을 포함한 전기공사에는 각별한 주의와 함께 전문성이 요구된다.
이에 따라 전기공사시 그리고 시공된 시설물의 유지 및 보수에 안전성을 확보하고 전문인력을 확보하고자 자격제도를 제정한다.

전기공사기사 · 공사산업기사의 역할

- 전기공사비의 적산, 공사공정계획의 수립, 시공과정에서 전기의 적정여부 관리 등 주로 기술적인 직무를 수행한다.
- 공사현장 대리인으로서 시공자를 대리하여 전기공사를 현장관리를 하는 동시에 발주자에 대해서는 시공자를 대신하여 업무를 수행한다.

전기공사기사 · 공사산업기사의 전망

- 전기가 전 산업에서의 기본 에너지임을 감안할 때 전기시설물의 시공과 점검 및 유지·보수에 대한 관심이 지속되어 관련 전문가의 수요는 계속될 것이다.
- 전기는 현대사회와 산업발전에 필수적인 에너지로써 전력수요량과 전기공사량은 경제 성장과 함께 한다고 할 수 있는데, 현재는 통신설비와 기기의 기술이 크게 발전하여 이와 관련된 전문가라고 하더라도 지속적인 첨단장비의 설치 기술능력이 요구된다.
- 「전기공사업법」에서도 전기공사의 규모별 전기기술자의 시공관리 구분을 규정함으로써 전기기술자 이외에는 자가로 전기공사업무를 수행할 수 없도록 규정하고 있기 때문에 자격증 취득 시 진출범위가 넓고 취업이 유리하여 매년 많은 인원이 응시하고 있다.

전기공사기사 · 공사산업기사 자격증의 다양한 활용

취업

- 한국전력공사를 비롯한 여러 공기업체, 전기공사업체, 발전소, 변전소, 설계회사, 감리회사, 조명공사업체, 변압기, 발전기, 전동기 수리업체 등 전기가 쓰이는 모든 전기공사시공업체에 취업가능
- 일부는 전기공사업체를 자영하거나 전기직 공무원으로 진출하기도 함

가산점 제도

- 6급 이하 및 기술공무원 채용 시험 시 가산
- 공업직렬의 항공우주, 전기 직류와 해양교통시설 직류에서 8·9급 기능직, 기능 8급 이하일 경우 5%(6·7급 기능직, 기능 7급 이상일 경우 3 ~ 5%의 가산점 부여)
- 시설직렬의 도시계획, 일반토목, 농업토목, 교통시설, 도시교통설계직류에서 8·9급, 기능직 기능 8급 이하(6·7급, 기능직, 기능 7급 이상일 경우 5% 가산점 부여) ⇒ 기사만 해당
- 한국산업인력공단 일반직 5급 채용 시 필기시험 만점의 6% 가산
- 경찰공무원 채용 시험 시 가산점 부여

우대

- 국가기술자격법에 의해 공공기관 및 일반기업 채용 시 그리고 보수, 승진, 전보, 신분보장 등에 있어서 우대

시험 안내

배울학 전기(산업)기사·전기공사(산업)기사

원서접수 안내

- 접수기간 내 큐넷(http://www.q-net.or.kr) 사이트를 통해 원서접수
  (원서접수 시작일 10:00 ~ 마감일 18:00)

- 시험수수료
  필기 : 19,400원
  실기 : 22,600원(기사) / 20,800원(산업기사)

응시자격

기사	· 동일(유사)분야 기사 · 산업기사 + 1년 · 기능사 + 3년 · 동일종목외 외국자격취득자	· 대졸(졸업예정자) · 3년제 전문대졸 + 1년 · 2년제 전문대졸 + 2년 · 기사수준의 훈련과정 이수자 · 산업기사수준 훈련과정 이수 + 2년
산업기사	· 동일(유사)분야 산업 기사 · 기능사 + 1년 · 동일종목외 외국자격취득자 · 기능경기대회 입상	· 전문대졸(졸업예정자) · 산업기사수준의 훈련과정 이수자

시험과목

구분	전기기사	전기공사기사
기사	① 전기자기학 ② 전력공학 ③ 전기기기 ④ **회로이론 및 제어공학** ⑤ 전기설비기술기준	① 전기응용 및 공사재료 ② 전력공학 ③ 전기기기 ④ **회로이론 및 제어공학** ⑤ 전기설비기술기준

구분	전기산업기사	전기공사산업기사
산업기사	① 전기자기학 ② 전력공학 ③ 전기기기 ④ **회로이론** ⑤ 전기설비기술기준	① 전기응용 ② 전력공학 ③ 전기기기 ④ **회로이론** ⑤ 전기설비기술기준

검정방법 및 시험시간

구분	필기		실기	
	검정방법	시험시간	검정방법	시험시간
전기(공사)기사	객관식 4지 택일	과목당 20문항 (과목당 30분)	필답형	필답형 (2시간 30분)
전기(공사) 산업기사	객관식 4지 택일	과목당 20문항 (과목당 30분)	필답형	필답형 (2시간)

시험방법

· 1년에 3회 시험을 치르며, 필기와 실기는 다른 날에 구분하여 시행

합격자 기준

· 필기 : 100점을 만점으로 하여 과목당 40점 이상, 전과목 평균 60점 이상
· 실기 : 100점을 만점으로 하여 60점 이상
· 필기시험에 합격한 자에 대하여는 필기시험 합격자 발표일로부터 2년간 필기시험을 면제

합격자 발표

· 최종 정답 발표는 인터넷(http://www.q-net.or.kr)을 통해 확인 가능
· 최종 합격자 발표는 발표일에 인터넷(http://www.q-net.or.kr) 또는 ARS(1666-0100)로 확인 가능

필기 출제 경향 분석

배울학 전기(산업)기사·전기공사(산업)기사

전기(공사)기사

분류		출제빈도 (%)
기초 회로 법칙	1. 오옴의 법칙	1%
	2. 분배의 법칙	2%
	3. 배율기, 분류기	2%
	4. 키르히호프 법칙	3%
총계		8%
회로망 해석 기법	1. 테브낭 정리 및 노튼 정리	4%
	2. 중첩의 원리	2%
	3. 밀만의 정리	1%
	4. 가역 정리	1%
	5. 쌍대 회로	1%
	6. 브리지 평형 회로	2%
총계		11%
교류 전원	1. 교류 파형	12%
총계		12%
교류 기본 회로	1. 회로 기본 소자의 특성	3%
	2. 직렬 회로	2%
	3. 병렬 회로	1%

분류		출제빈도 (%)
	4. R-X의 직렬 및 병렬 회로에서의 역률 및 무효율	3%
	5. R-L-C의 직렬 및 병렬 회로에서의 공진 현상	2%
총계		11%
유도 결합 회로	1. 인덕턴스의 종류	1%
	2. 인덕턴스의 직렬 접속	2%
	3. 인덕턴스의 병렬 접속	1%
	4. 결합 계수	1%
	5. 유도 전압	2%
총계		7%
교류 전력	1. 전력의 종류	2%
	2. 교류 전력의 역률 및 무효율	2%
	3. 복소 전력	1%
	4. 회로의 최대 전력 전달 조건	2%
총계		7%
3상 교류	1. 3상 대칭 기전력의 발생 원리	2%
	2. 3상 결선의 종류	3%
	3. 대칭 좌표법 (불평형 고장 계산 방법)	1%

분류		출제빈도 (%)
	4. 부하의 Y-△ 및 △-Y 등가 변환	1%
	5. 특수한 결선법	1%
	6. 전력의 측정	2%
총계		10%
비정현파 교류	1. 비정현파의 전압 및 전류 실효값	2%
	2. 비정현파의 전력 계산	1%
	3. 고조파에서의 임피던스 변환	1%
	4. 푸리에 급수	1%
총계		5%
2단자 회로망	1. 2단자 회로망의 해석	1%
	2. 영점 및 극점	1%
	3. 정저항 회로	1%
총계		3%
4단자 회로망	1. 4단자 회로망 해석 방법	2%
	2. A, B, C, D 파라미터	3%
	3. 4단자 회로망에서의 A, B, C, D 작용	1%
총계		6%

분류		출제빈도 (%)
분포 정수 회로	1. 특성 임피던스와 전파 정수	2%
	2. 무손실 선로와 무왜형 선로	1%
총계		3%
과도 현상	1. R-L 직렬 회로의 과도 현상	3%
	2. R-C 직렬 회로의 과도 현상	1%
	3. R-L-C 직렬 회로의 과도 현상	1%
총계		5%
라플라스 변환	1. 기본 라플라스 변환 공식	2%
	2. 라플라스 변환의 기본 정리	1%
	3. 라플라스 역변환	2%
총계		5%
전달 함수	1. 제어 시스템에서의 전달 함수	1%
	2. 회로망에서의 전달 함수	2%
	3. 블록 선도 및 신호 흐름 선도에서의 전달 함수	3%
	4. 블록 선도 및 신호 흐름 선도의 특수한 경우	1%
총계		7%
합계		100%

전기(공사)산업기사

분류		출제빈도 (%)
기초 회로 법칙	1. 오옴의 법칙	2%
	2. 분배의 법칙	2%
	3. 배율기, 분류기	1%
	4. 키르히호프 법칙	2%
총계		7%
회로망 해석 기법	1. 테브낭 정리 및 노튼 정리	5%
	2. 중첩의 원리	2%
	3. 밀만의 정리	1%
	4. 가역 정리	1%
	5. 쌍대 회로	1%
	6. 브리지 평형 회로	2%
총계		12%
교류 전원	1. 교류 파형	12%
총계		12%
교류 기본 회로	1. 회로 기본 소자의 특성	3%
	2. 직렬 회로	2%
	3. 병렬 회로	1%

분류		출제빈도 (%)
	4. R-X의 직렬 및 병렬 회로에서의 역률 및 무효율	2%
	5. R-L-C의 직렬 및 병렬 회로에서의 공진 현상	2%
총계		10%
유도 결합 회로	1. 인덕턴스의 종류	2%
	2. 인덕턴스의 직렬 접속	3%
	3. 인덕턴스의 병렬 접속	1%
	4. 결합 계수	1%
	5. 유도 전압	2%
총계		9%
교류 전력	1. 전력의 종류	1%
	2. 교류 전력의 역률 및 무효율	2%
	3. 복소 전력	1%
	4. 회로의 최대 전력 전달 조건	2%
총계		6%
3상 교류	1. 3상 대칭 기전력의 발생 원리	2%
	2. 3상 결선의 종류	4%
	3. 대칭 좌표법 (불평형 고장 계산 방법)	1%

분류		출제빈도 (%)
	4. 부하의 Y-△ 및 △-Y 등가 변환	1%
	5. 특수한 결선법	1%
	6. 전력의 측정	1%
	총계	10%
비정현파 교류	1. 비정현파의 전압 및 전류 실효값	2%
	2. 비정현파의 전력 계산	1%
	3. 고조파에서의 임피던스 변화	1%
	4. 푸리에 급수	1%
	총계	5%
2단자 회로망	1. 2단자 회로망의 해석	1%
	2. 영점 및 극점	1%
	3. 정저항 회로	1%
	총계	3%
4단자 회로망	1. 4단자 회로망 해석 방법	3%
	2. A, B, C, D 파라미터	3%
	3. 4단자 회로망에서의 A, B, C, D 작용	1%
	총계	7%

분류		출제빈도 (%)
분포 정수 회로	1. 특성 임피던스와 전파 정수	2%
	2. 무손실 선로와 무왜형 선로	1%
	총계	3%
과도 현상	1. R-L 직렬 회로의 과도 현상	3%
	2. R-C 직렬 회로의 과도 현상	1%
	3. R-L-C 직렬 회로의 과도 현상	1%
	총계	5%
라플라스 변환	1. 기본 라플라스 변환 공식	2%
	2. 라플라스 변환의 기본 정리	1%
	3. 라플라스 역변환	2%
	총계	5%
전달 함수	1. 제어 시스템에서의 전달 함수	1%
	2. 회로망에서의 전달 함수	3%
	3. 블록 선도 및 신호 흐름 선도에서의 전달 함수	1%
	4. 블록 선도 및 신호 흐름 선도의 특수한 경우	1%
	총계	6%
	합계	100%

목차

회로이론

Chapter 01. 기초 회로 법칙 · · · · · · · · · · · · · 1
01. 오옴의 법칙 · 2
02. 분배의 법칙 · 4
03. 배율기, 분류기 · 6
04. 키르히호프 법칙 · 7
- 적중실전문제 · 8

Chapter 02. 회로망 해석 기법 · · · · · · · · · · · 19
01. 테브낭 정리 및 노튼 정리 · · · · · · · · · · · · · · 20
02. 중첩의 원리 · 22
03. 밀만의 정리 · 24
04. 가역 정리 · 25
05. 쌍대 회로 · 26
06. 브리지 평형 회로 · 27
- 적중실전문제 · 28

Chapter 03. 교류 전원 · · · · · · · · · · · · · · · · · 39
01. 교류 파형 · 40
- 적중실전문제 · 46

Chapter 04. 교류 기본 회로 · · · · · · · · · · · · · 55
01. 회로 기본 소자의 특성 · · · · · · · · · · · · · · · · 56
02. 직렬 회로 · 57
03. 병렬 회로 · 59
04. R-X의 직렬 및 병렬 회로에서의 역률 및 무효율 · · · · 61
05. R-L-C의 직렬 및 병렬 회로에서의 공진 현상 · · · · · · 62
- 적중실전문제 · 65

Chapter 05. 유도 결합 회로 · · · · · · · · · · · · · 81
01. 인덕턴스의 종류 · 82
02. 인덕턴스의 직렬 접속 · · · · · · · · · · · · · · · · · 83
03. 인덕턴스의 병렬 접속 · · · · · · · · · · · · · · · · · 84
04. 결합 계수 · 85
05. 유도 전압 · 86
- 적중실전문제 · 87

Chapter 06. 교류 전력 · · · · · · · · · · · · · · · · · 91
01. 전력의 종류 · 92
02. 교류 전력의 역률 및 무효율 · · · · · · · · · · · · 93
03. 복소 전력 · 94
04. 회로의 최대 전력 전달 조건 · · · · · · · · · · · · 95
- 적중실전문제 · 97

Chapter 07. 3상 교류 · · · · · · · · · · · · · · · · · 107
01. 3상 대칭 기전력의 발생 원리 · · · · · · · · · · 108
02. 3상 결선의 종류 · 109
03. 대칭 좌표법 (불평형 고장 계산 방법) · · · · · · · · 110
04. 부하의 Y-△ 및 △-Y 등가 변환 · · · · · · · · · 112
05. 특수한 결선법 · 115
06. 전력의 측정 · 116
- 적중실전문제 · 119

Chapter 08. 비정현파 교류 · · · · · · · · · · · · 139
01. 비정현파의 전압 및 전류 실효값 · · · · · · · · 140
02. 비정현파의 전력 계산 · · · · · · · · · · · · · · · · 141
03. 고조파에서의 임피던스 변화 · · · · · · · · · · · 142
04. 푸리에 급수 · 143
- 적중실전문제 · 145

Chapter 09. 2단자 회로망 · · · · · · · · · · · · · 157
01. 2단자 회로망의 해석 · · · · · · · · · · · · · · · · · 158
02. 영점 및 극점 · 160
03. 정저항 회로 · 161
- 적중실전문제 · 162

Chapter 10. 4단자 회로망 · · · · · · · · · · · 167

- 01. 4단자 회로망 해석 방법 · 168
- 02. A, B, C, D 파라미터 · 170
- 03. 4단자 회로망에서의 A, B, C, D 작용 · · · · · · · · · · · 174
- ● 적중실전문제 · 176

Chapter 11. 분포 정수 회로 · · · · · · · · · · · 185

- 01. 특성 임피던스와 전파 정수 · · · · · · · · · · · · · · · · · · · 186
- 02. 무손실 선로와 무왜형 선로 · · · · · · · · · · · · · · · · · · · 187
- ● 적중실전문제 · 190

Chapter 12. 과도 현상 · · · · · · · · · · · · · · · · 195

- 01. R-L 직렬 회로의 과도 현상 · · · · · · · · · · · · · · · · · · · 196
- 02. R-C 직렬 회로의 과도 현상 · · · · · · · · · · · · · · · · · · · 197
- 03. R-L-C 직렬 회로의 과도 현상 · · · · · · · · · · · · · · · · · 198
- ● 적중실전문제 · 200

Chapter 13. 라플라스 변환 · · · · · · · · · · · · 215

- 01. 기본 라플라스 변환 공식 · 216
- 02. 라플라스 변환의 기본 정리 · · · · · · · · · · · · · · · · · · · 218
- 03. 라플라스 역변환 · 222
- ● 적중실전문제 · 224

Chapter 14. 전달 함수 · · · · · · · · · · · · · · · · 241

- 01. 제어 시스템에서의 전달 함수 · · · · · · · · · · · · · · · · · 242
- 02. 회로망에서의 전달 함수 · 245
- 03. 블록 선도 및 신호 흐름 선도에서의 전달 함수 · · · · 248
- 04. 블록 선도 및 신호 흐름 선도의 특수한 경우 · · · · · · 251
- ● 적중실전문제 · 255

MEMO

Chapter 01

기초 회로 법칙

01. 오옴의 법칙

02. 분배의 법칙

03. 배율기, 분류기

04. 키르히호프 법칙

- 적중실전문제

Chapter 01 기초 회로 법칙

01 오옴의 법칙

1) 오옴의 법칙
전기 회로의 3요소인 전압(V), 전류(I), 저항(R)의 상관관계를 나타내는 회로의 가장 기본적인 법칙

2) 상관 관계
(1) 회로에 가한 전압($V[\text{V}]$)이 클수록 전류($I[\text{A}]$)는 많이 흐른다.
(2) 회로에 흐르는 전류가 클수록 회로의 전압은 높아진다.
(3) 회로의 저항($R[\Omega]$)이 많을수록 회로에는 전류가 흐르기 어렵다.

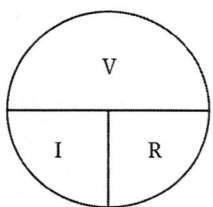

- 전류 : $I = \dfrac{V}{R}[\text{A}]$
- 전압 : $V = IR[\text{V}]$
- 저항 : $R = \dfrac{V}{I}[\Omega]$

3) 저항의 접속 방법
(1) 직렬 연결

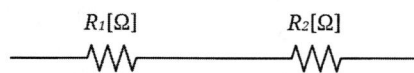

- 합성 저항 : $R = R_1 + R_2 [\Omega]$

(2) 병렬 연결

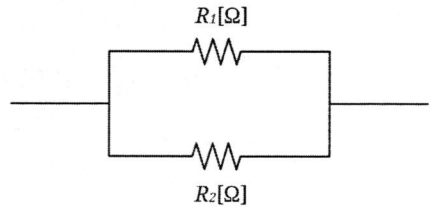

- 합성 저항 : $R = \dfrac{R_1 \times R_2}{R_1 + R_2}[\Omega]$

예제 1

50[Ω]의 저항에 200[V]의 전압이 인가되었다면 저항에 흐르는 전류는?

① 1[A]　　　　② 2[A]　　　　③ 3[A]　　　　④ 4[A]

【해설】

$$I = \frac{V}{R} = \frac{200}{50} = 4[A]$$

[답] ④

예제 2

그림과 같은 직렬회로에서 전류 I와 전압 강하 V_1, V_2, V_3를 구하시오.

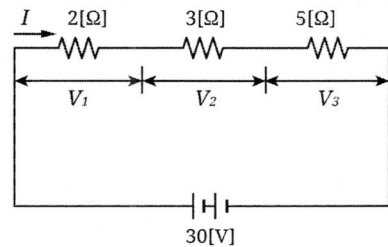

① 1[A], 6[V], 9[V], 12[V]　　　　② 2[A], 12[V], 9[V], 6[V]
③ 3[A], 6[V], 9[V], 15[V]　　　　④ 4[A], 15[V], 9[V], 6[V]

【해설】

(1) 회로의 합성 저항은 R=2+3+5=10[Ω]이므로, 회로에 흐르는 전체 전류는,

$$I = \frac{V}{R} = \frac{30}{10} = 3[A]$$

(2) 따라서, 각각의 저항에서 발생하는 전압 강하는,

- $V_1 = IR_1 = 3 \times 2 = 6[V]$　　　• $V_2 = IR_2 = 3 \times 3 = 9[V]$
- $V_3 = IR_3 = 3 \times 5 = 15[V]$

[답] ③

예제 3

기전력 3[V], 내부 저항 0.2[Ω]인 전지 6개를 직렬로 접속하여 단락시켰을 때의 전류[A]는?

① 10[A]　　　　② 20[A]　　　　③ 15[A]　　　　④ 30[A]

【해설】

(1) 기전력 3[V], 저항 0.2[Ω]의 건전지를 6개 직렬 접속했을 때의 총 기전력과 저항은 $V = 3 \times 6 = 18[V]$, $R = 0.2 \times 6 = 1.2[\Omega]$

(2) 따라서, 단락 전류는 $I_s = \frac{V}{R} = \frac{18}{1.2} = 15[A]$

[답] ③

02 분배의 법칙

1) 전압 분배의 법칙
각 저항에 걸리는 전압은 저항에 비례

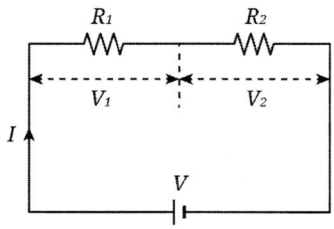

- $V_1 = \dfrac{R_1}{R_1 + R_2} V$
- $V_2 = \dfrac{R_2}{R_1 + R_2} V$

2) 전류 분배의 법칙
각 저항에 흐르는 전류는 저항에 반비례

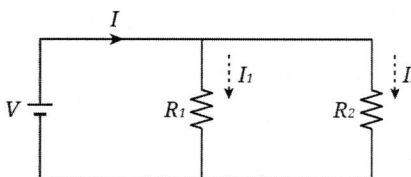

- $I_1 = \dfrac{R_2}{R_1 + R_2} I$
- $I_2 = \dfrac{R_1}{R_1 + R_2} I$

예제 4

그림에서 a, b 단자에 200[V]를 가할 때 저항 2[Ω]에 흐르는 전류 I_1[A]는?

① 10[A]
② 20[A]
③ 30[A]
④ 40[A]

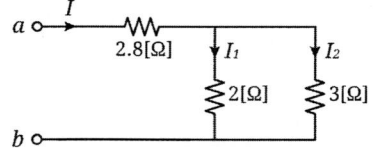

【해설】

$R = 2.8 + \dfrac{2 \times 3}{2+3} = 4[\Omega], \quad I = \dfrac{V}{R} = \dfrac{200}{4} = 50[A]$

$I_1 = \dfrac{3}{2+3} \times 50 = 30[A]$

[답] ③

예제 5

그림과 같은 회로에서 R의 값은?

① $\dfrac{E}{E-V} \cdot r$

② $\dfrac{V}{E-V} \cdot r$

③ $\dfrac{E-V}{E} \cdot r$

④ $\dfrac{E-V}{V} \cdot r$

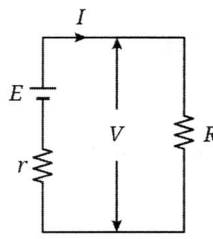

【해설】

(1) 주어진 회로에 전압분배 법칙을 적용하면,

$$V = \dfrac{R}{r+R} E$$

(2) 위식을 R에 대해서 정리해보면,

$$rV + RV = RE \quad \rightarrow \quad \therefore R = \dfrac{V}{E-V} \times r$$

[답] ②

예제 6

a, b 간에 25[V]의 전압을 가할 때 5[A]의 전류가 흐른다. r_1 및 r_2에 흐르는 전류의 비를 1 : 3 으로 하려면 r_1 및 r_2의 저항은 각각 몇 [Ω]인가?

① $r_1 = 12, r_2 = 4$

② $r_1 = 24, r_2 = 8$

③ $r_1 = 6, r_2 = 2$

④ $r_1 = 2, r_2 = 6$

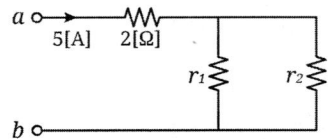

【해설】

(1) 우선, 주어진 전압과 전류 조건에 의하여 회로 전체의 저항값을 구하면,

$$R = \dfrac{V}{I} = \dfrac{25}{5} = 5[\Omega]$$

(2) 또한, 회로에서 저항을 합성하여 보면,

$$R = 2 + \dfrac{r_1 \times r_2}{r_1 + r_2} = 5[\Omega] \quad \rightarrow \quad \dfrac{r_1 \times r_2}{r_1 + r_2} = 3 \text{ 이므로 전류비가 1:3이면서 합성 저항이}$$

3이 되는 것은 $r_1 = 12, r_2 = 4$ 인 경우이다.

[답] ①

03 배율기, 분류기

1) 배율기
   전압계의 측정 범위를 확대시키는 직렬 저항(전압 분배의 법칙 원리)

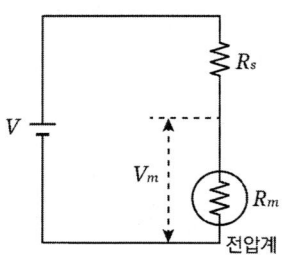

- 측정 전압 : $V_m = \dfrac{R_m}{R_s + R_m} V$
- 배율 : $m = \dfrac{V}{V_m} = \dfrac{R_s + R_m}{R_m}$

2) 분류기
   전류계의 측정 범위를 확대시키는 병렬 저항(전류 분배의 법칙 원리)

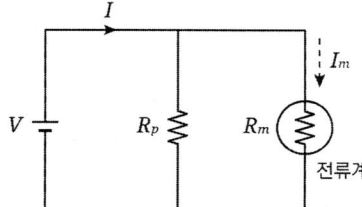

- 측정 전류 : $I_m = \dfrac{R_p}{R_p + R_m} I$
- 배율 : $m = \dfrac{I}{I_m} = \dfrac{R_p + R_m}{R_p}$

예제 7

최대 눈금이 50[V]인 직류 전압계가 있다. 이 전압계를 사용하여 150[V]의 전압을 측정하려면 배율기의 저항은 몇 [Ω]을 사용하여야 하는가? (단, 전압계의 내부 저항은 5,000[Ω]이다.)

① 1,000 ② 2,500 ③ 5,000 ④ 10,000

【해설】
$50 = \dfrac{5,000}{R_s + 5,000} \times 150 \Rightarrow \therefore R_s = 10,000[\Omega]$

[답] ④

04 키르히호프 법칙

1) 키르히호프의 전류 법칙(KCL)
   회로의 어느 한 절점에 유입하는 전류와 유출하는 전류의 합은 항상 같다.

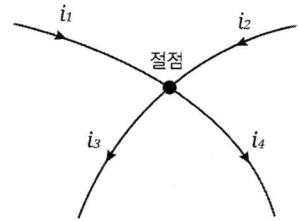

- $i_1 + i_2 = i_3 + i_4$

  또는,
- $i_1 + i_2 - i_3 - i_4 = 0$

2) 키르히호프의 전압 법칙(KVL)
   폐 회로망에 있어서 회로에 인가한 전압과 각 소자에서 발생한 전압강하의 합은 같다.

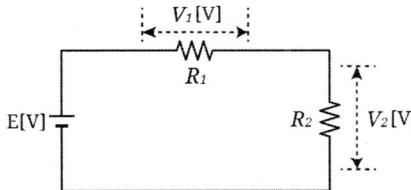

- $E = V_1 + V_2 = IR_1 + IR_2$

예제 8

키르히호프의 전압 법칙의 적용에 대한 서술 중 옳지 않은 것은?
① 이 법칙은 집중 정수 회로에 적용된다.
② 이 법칙은 회로 소자의 선형, 비선형에는 관계를 받지 않고 적용된다.
③ 이 법칙은 회로 소자의 시변, 시불변성에 구애를 받지 않는다.
④ 이 법칙은 선형 소자로만 이루어진 회로에 적용된다.

【해설】
키르히호프의 법칙(KVL, KCL)은 선형회로나 비선형 회로에도 모두 적용된다.

[답] ④

Chapter 01. 기초 회로 법칙
적중실전문제

1. 그림과 같은 회로에서 전압계의 지시가 10[V]였다면 AB사이의 전압은 몇 [V]인가? (단, 전압계에 흐르는 전류는 무시한다.)

   ① 35
   ② 50
   ③ 60
   ④ 85

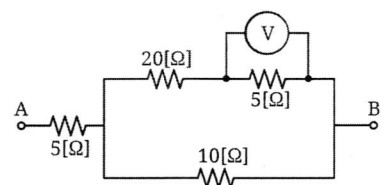

해설 1

(1) 우선 회로에서 각 부분의 전압, 전류를 구해보면,

- $I_1 = \dfrac{10}{5} = 2[A]$
- $V_1 = I_1 R = 2 \times 20 = 40[V]$
- $V_2 = 40 + 10 = 50[V]$
- $I_2 = \dfrac{50}{10} = 5[A]$
- $I_3 = 2 + 5 = 7[A]$
- $V_3 = 7 \times 5 = 35[V]$

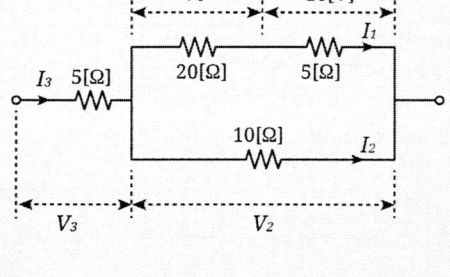

(2) 따라서, A, B 단자 사이의 전압은,
- $V_2 + V_3 = 50 + 35 = 85[V]$

[답] ④

2. 100[V], 60[W]의 전구에 50[V]를 가했을 때의 전류는?

   ① 0.3[A]　　② 0.4[A]　　③ 0.5[A]　　④ 0.6[A]

해설 2

$P = \dfrac{V^2}{R}$ 에서, $R = \dfrac{V^2}{P} = \dfrac{100^2}{60} = 167[\Omega]$

$I = \dfrac{V}{R} = \dfrac{50}{167} = 0.3[A]$

[답] ①

3. 그림과 같은 회로에서 a, b 단자에서 본 합성 저항은 몇 $[\Omega]$인가?

① 7
② 8
③ 9
④ 10

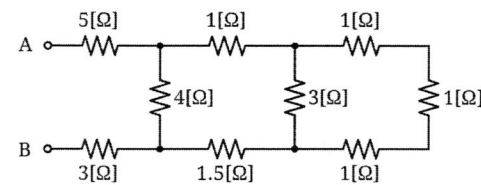

해설 3

(1) 회로의 오른쪽에서부터 차례로 각 부분의 저항을 직렬, 병렬 합성하여 계산해나가면,

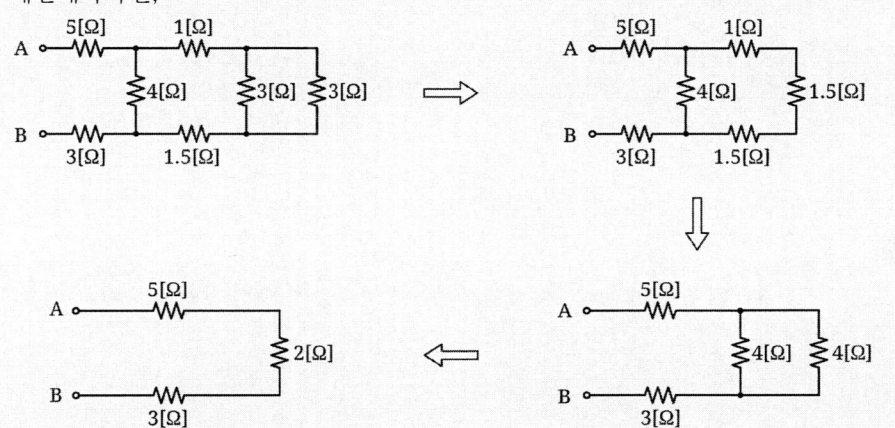

(2) 따라서, 회로의 총 합성 저항은, $R = 5+2+3 = 10[\Omega]$

[답] ④

4. 회로에서 E_{30}과 E_{15}는 몇 [V]인가?

① 60, 30
② 70, 40
③ 80, 50
④ 50, 40

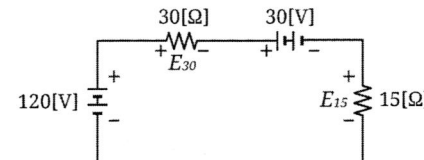

해설 4

(1) 회로 전체에 흐르는 전류는,
$$I = \frac{V}{R} = \frac{120-30}{30+15} = 2[\text{A}]$$

(2) 따라서, 각 저항에 걸리는 전압은,
- $E_{30} = IR_1 = 2 \times 30 = 60[\text{V}]$
- $E_{15} = IR_2 = 2 \times 15 = 30[\text{V}]$

[답] ①

5. 그림과 같은 회로에서 S를 열었을 때 전류계의 지시는 10[A]였다. S를 닫을 때 전류계의 지시는 몇 [A]인가?

① 8
② 10
③ 12
④ 15

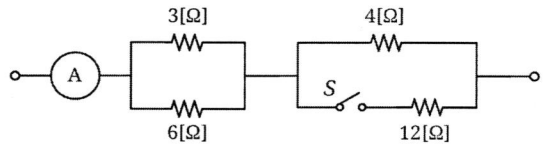

해설 5

(1) 스위치를 열었을 때의 회로 전체에 인가한 전압은,

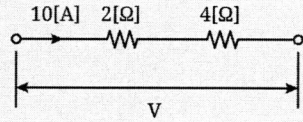

- $V = IR = 10 \times 6 = 60[\text{V}]$

(2) 스위치를 닫았을 때의 회로 전체에 흐르는 전류는,

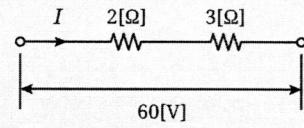

- $I = \frac{V}{R} = \frac{60}{5} = 12[\text{A}]$

[답] ③

6. 어떤 전지의 외부 회로 저항 5[Ω]이고 전류는 8[A]가 흐른다. 외부 회로에 5[Ω] 대신에 15[Ω]의 저항을 접속하면 전류는 4[A]로 떨어진다. 기전력은 몇 [V]인가?

① 80[V]　　　② 50[V]　　　③ 15[V]　　　④ 20[V]

해설 6

(1) 외부 회로 저항 값에 따른 각각의 전압 식은,

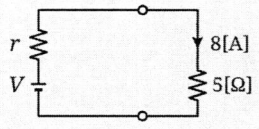

- $V = IR = 8 \times (r+5)$
  $= 8r + 40$
- $V = IR = 4 \times (r+15)$
  $= 8r + 60$

(2) 두 전압은 같아야 하므로,

- $8r + 40 = 4r + 60$ ⇒
- $r = \dfrac{60-40}{8-4} = 5[\Omega]$

$\therefore V = 8 \times (5+5) = 80[V]$

[답] ①

---

7. 내부 저항이 15[kΩ]이고 최대 눈금이 150[V]인 전압계와 내부 저항이 10[kΩ]이고 최대 눈금이 150[V]인 전압계가 있다. 두 전압계를 직렬 접속하여 측정하면 최대 몇 [V]까지 측정할 수 있는가?

① 200　　　② 250　　　③ 300　　　④ 315

해설 7

- $V_1 = 150 = \dfrac{15}{15+10} V$

$\therefore V = 150 \times \dfrac{15+10}{15} = 250[V]$

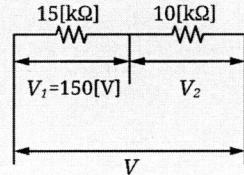

[답] ②

8. 그림과 같은 회로에서 $I=10[A]$, $G=4[℧]$, $G_L=6[℧]$일 때, G_L에서 소비되는 전력은 몇 [W]인가?

① 100　② 10
③ 4　　④ 6

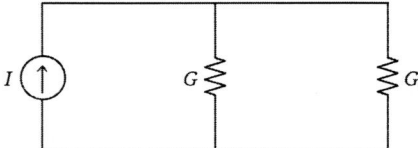

해설 8

(1) 우선, G_L측에 흐르는 전류는 전류 분배의 법칙에 의하여,

- $I_L = \dfrac{G_L}{G+G_L} \times I = \dfrac{6}{4+6} \times 10 = 6[A]$

(2) 따라서, G_L에서 소비되는 전력은,

- $P_L = I^2 R_L = \dfrac{I^2}{G_L} = \dfrac{6^2}{6} = 6[W]$

[답] ④

9. 그림의 사다리꼴 회로에서 부하전압 $V_L[V]$의 크기는 몇 [V]인가?

① 3　② 6
③ 9　④ 12

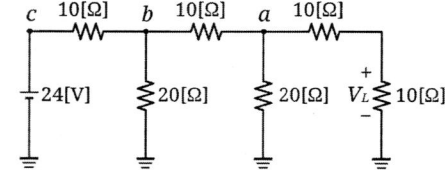

해설 9

(1) 회로의 우측에서부터 저항을 합성하여 가면 b 단자까지의 저항은,

$R_1 = 10+10 = 20[\Omega]$, $R_a = \dfrac{20 \times 20}{20+20} = 10[\Omega]$,

$R_2 = 10+10 = 20[\Omega]$, $R_b = \dfrac{20 \times 20}{20+20} = 10[\Omega]$

(2) 따라서, b 단자에 걸리는 전압은 전압 분배 법칙에 의하여,

$V_b = \dfrac{10}{10+10} \times 24 = 12[V]$

(3) 위와 같은 방법으로 반복 계산하면,

$V_a = \dfrac{10}{10+10} \times 12 = 6[V]$, $V_L = \dfrac{10}{10+10} \times 6 = 3[V]$

[답] ①

10. 선형 회로망 소자가 아닌 것은?

① 철심이 있는 코일
② 철심이 없는 코일
③ 저항기
④ 콘덴서

해설 10

철심이 있는 코일은 철심에서의 자기 포화 현상이 있으므로 비선형 특성을 갖는다.

[답] ①

11. 그림의 회로에서 a-b 사이의 전압 E_{ab} 값은?

① 8[V]
② 10[V]
③ 12[V]
④ 14[V]

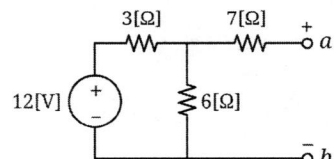

해설 11

회로의 a, b 단자가 개방되어 있으므로 7[Ω] 저항에는 전류가 흐르지 않아 전압 강하가 발생하지 않으므로, a, b 단자의 전압은 6[Ω] 저항에 걸리는 전압과 같아진다. 따라서, 6[Ω]에 걸리는 전압을 전압 분배의 법칙에 의하여 구해보면,

$V_2 = \dfrac{6}{3+6} \times 12 = 8[\text{V}]$

[답] ①

Chapter 01. 기초 회로 법칙

12. 그림과 같은 회로에서 $V-i$ 관계식은?

① $V = 0.8i$
② $V = i_s R_s - 2i$
③ $V = 3 + 0.2i$
④ $V = 2i$

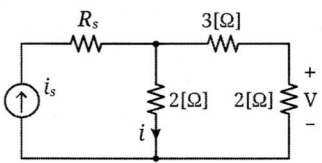

해설 12

(1) 문제에 주어진 회로 조건에서 $2[\Omega]$에 흐르는 전류가 i이므로 $2[\Omega]$ 저항 양단의 전압은 $V = IR = 2i[V]$임을 알 수 있다. 즉,

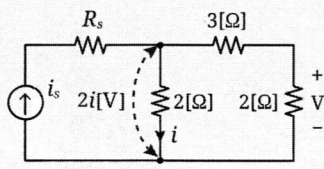

(2) 따라서, 나머지 저항 $3[\Omega]$과 $2[\Omega]$에 대하여 전압 분배 법칙을 적용하여 $2[\Omega]$ 양단의 전압을 구하면, $V_2 = \dfrac{2}{3+2} \times 2i = 0.8i[V]$

[답] ①

13. 그림에서 전류 i_5의 크기는?

① 3[A]
② 5[A]
③ 8[A]
④ 12[A]

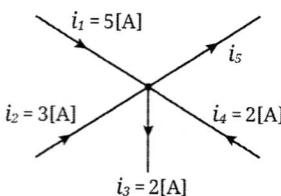

해설 13

키르히호프의 전류 법칙을 적용하여,
$i_1 + i_2 + i_4 = i_3 + i_5$ ⇒ • $5 + 3 + 2 = 2 + i_5$
∴ $i_5 = 10 - 2 = 8[A]$

[답] ③

14. 단자 a-b에 30[V]의 전압을 가했을 때 전류 I는 3[A]가 흘렀다고 한다. 저항 $r[\Omega]$은 얼마인가?

① 5
② 10
③ 15
④ 20

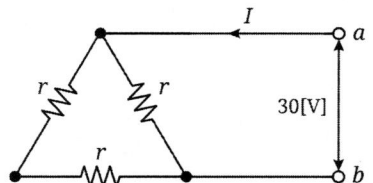

해설 14

(1) 먼저 단자 a-b 사이의 합성 저항을 구하면,
$$R = \frac{2r \times r}{2r + r} = \frac{2}{3}r$$

(2) 따라서, 오옴의 법칙에 의하여,
$$V = IR = I \times \frac{2}{3}r \quad \Rightarrow \quad \cdot\ r = \frac{V}{I} \times \frac{3}{2} = \frac{30}{3} \times \frac{3}{2} = 15[\Omega]$$

[답] ③

---

15. 3개의 같은 저항 $R[\Omega]$를 그림과 같이 △ 결선하고, 기전력 $V[V]$, 내부 저항 $r[\Omega]$인 전지를 n개 직렬 접속했다. 이 때 전지 내를 흐르는 전류가 $I[A]$라면 R은 몇 $[\Omega]$인가?

① $\frac{3}{2}n\left(\frac{V}{I} + r\right)$ ② $\frac{2}{3}n\left(\frac{V}{I} + r\right)$

③ $\frac{3}{2}n\left(\frac{V}{I} - r\right)$ ④ $\frac{2}{3}n\left(\frac{V}{I} - r\right)$

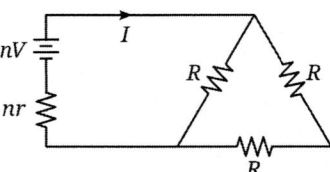

해설 15

(1) 회로의 합성 저항을 구하면,
$$\frac{nV}{I} = nr + \frac{2R \times R}{2R + R} = nr + \frac{2}{3}R$$

(2) 따라서, 저항 R은,
$$\frac{2}{3}R = \frac{nV}{I} - nr \quad \Rightarrow \quad \cdot\ R = \frac{3}{2}\left(\frac{nV}{I} - nr\right) = \frac{3}{2}n\left(\frac{V}{I} - r\right)$$

[답] ③

16. a, b 양단에 220[V]의 전압을 인가 시 전류 I가 1[A] 흘렀다면 R의 저항은 몇 [Ω]인가?

① 100[Ω]
② 150[Ω]
③ 220[Ω]
④ 330[Ω]

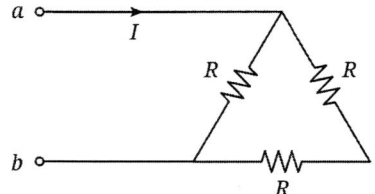

해설 16

(1) 회로의 합성 저항을 구하면,
$$\frac{V}{I} = \frac{220}{1} = 220[\Omega] = \frac{2R \times R}{2R+R} = \frac{2}{3}R$$

(2) 따라서, 저항 R은,
$$R = \frac{3}{2} \times 220 = 330[\Omega]$$

[답] ④

17. 전하 보존의 법칙 (conservation of charge)과 가장 관계가 있는 것은?
① 키르히호프의 전류 법칙
② 키르히호프의 전압 법칙
③ 옴의 법칙
④ 렌츠의 법칙

해설 17

(1) 키르히호프의 전류 법칙
어떤 임의의 회로에 있어서 그 회로의 절점에 유입하는 전류의 합과 유출하는 전류의 합은 같다.
- $i_1 + i_2 = i_3 + i_4$

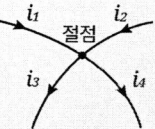

(2) 전하 보존의 법칙
어떤 임의의 회로에 있어서 그 회로의 절점에 유입하는 전하량의 합과 유출하는 전하량의 합은 같다.
- $Q_1 + Q_2 = Q_3 + Q_4$

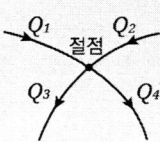

[답] ①

18. $i = 3000(2t + 3t^2)$[A]의 전류가 어떤 도선을 2[s] 동안 흘렸다. 통과한 전체 전기량은 몇 [As]인가?

① 360 ② 3,600 ③ 36,000 ④ 360,000

해설 18

$$Q = \int_0^t i\,dt = \int_0^2 3000(2t + 3t^2)\,dt = 3000\left[t^2 + t^3\right]_0^2 = 3000(2^2 + 2^3 - 0) = 36,000\,[\text{Asec}]$$

[답] ③

19. $i = 3000(2t + 3t^2)$[A]의 전류가 어떤 도선을 2[s] 동안 흘렸다. 통과한 전체 전기량은 몇 [Ah]인가?

① 10 ② 20 ③ 30 ④ 40

해설 19

$$Q = \int_0^t i\,dt = \int_0^2 3000(2t + 3t^2)\,dt = 3000\left[t^2 + t^3\right]_0^2 = 3000(2^2 + 2^3 - 0) = 36,000\,[\text{Asec}]$$

$$= \frac{36,000}{60 \times 60} = 10\,[\text{Ah}]$$

[답] ①

20. $i = 3t^2 + 2t$[A]의 전류가 도선에 30초간 흘렸을 때 통과한 전체 전기량 [Ah]은?

① 4.25 ② 6.75 ③ 7.75 ④ 8.25

해설 20

$$Q = \int_0^t i\,dt = \int_0^{30} (3t^2 + 2t)\,dt = \left[t^3 + t^2\right]_0^{30} = (30^3 + 30^2) - 0 = 27,900\,[\text{Asec}]$$

$$= \frac{27,900}{60 \times 60} = 7.75\,[\text{Ah}]$$

[답] ③

MEMO

회로망 해석 기법

01. 테브낭 정리 및 노튼 정리
02. 중첩의 원리
03. 밀만의 정리
04. 가역 정리
05. 쌍대 회로
06. 브리지 평형 회로
- 적중실전문제

Chapter 02 회로망 해석 기법

01 테브낭 정리 및 노튼 정리

1) 테브낭 정리
  (1) 정의
   복잡한 회로를 1개의 전압원과 1개의 직렬 저항으로 변환하여 회로를 쉽게 풀이하는 회로 해석 기법

  (2) 내용

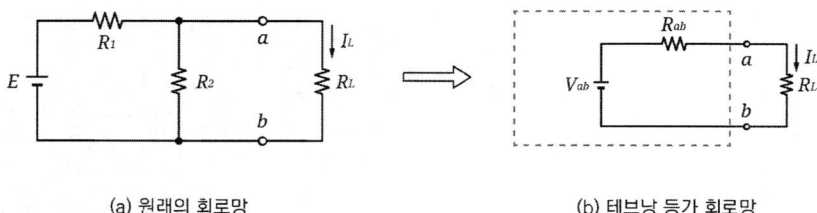

(a) 원래의 회로망   (b) 테브낭 등가 회로망

① 부하 저항(R_L)을 제거(개방)하여 회로의 a, b 단자를 개방 상태로 둔다.
② a, b 단자에서 본 테브낭 등가 저항과 등가 전압을 구한다.
  - $R_{ab} = \dfrac{R_1 \times R_2}{R_1 + R_2} \, [\Omega]$,   - $V_{ab} = \dfrac{R_2}{R_1 + R_2} E \, [\text{V}]$
③ a, b 단자에 부하 저항(R_L)을 연결하여 회로 해석을 한다.

예제 1

그림의 회로에서 4[Ω]에 흐르는 전류 I_L을 테브낭의 정리를 이용하여 구하시오.

① 1.15[A]   ② 1.2[A]
③ 1.35[A]   ④ 1.4[A]

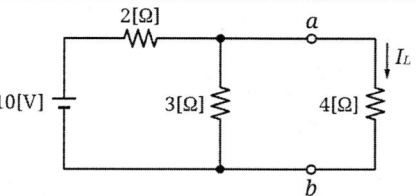

【해설】
(1) 우선 부하 저항 4[Ω]을 개방시킨 후, a, b 단자에서의 테브낭 회로를 구한다.

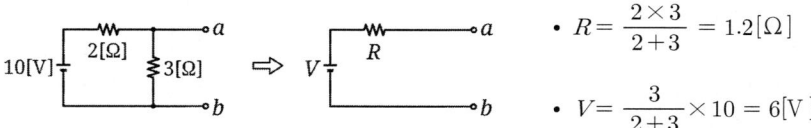

- $R = \dfrac{2 \times 3}{2+3} = 1.2[\Omega]$
- $V = \dfrac{3}{2+3} \times 10 = 6[\text{V}]$

(2) 테브낭 회로 a, b 단자에 부하 저항 4[Ω]을 접속시킨 후, 부하 전류를 구한다.

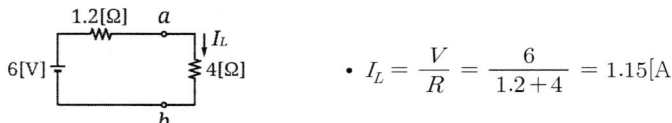

- $I_L = \dfrac{V}{R} = \dfrac{6}{1.2+4} = 1.15[\text{A}]$

[답] ①

2) 노튼 정리

(1) 정의

테브낭 회로의 전압원을 전류원으로, 직렬 저항을 병렬 저항으로 등가 변환하여 해석하는 기법이다.

(2) 내용

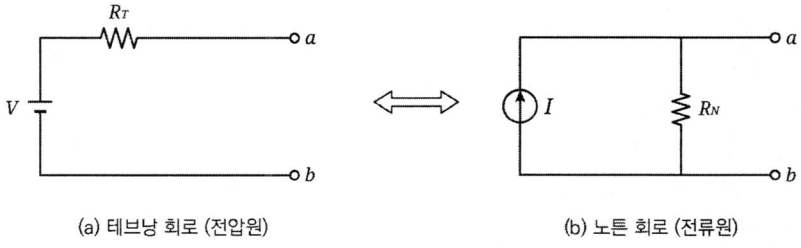

(a) 테브낭 회로 (전압원)   (b) 노튼 회로 (전류원)

① 테브낭 저항(R_T)와 노튼 저항(R_N)은 저항 값은 같으며, 접속 방법이 직렬과 병렬 접속의 차이 밖에 없다.

② 전압과 전류 등가 변환은 오옴의 법칙에 의하여 구한다.
- $V = IR_N [\text{V}]$,   - $I = \dfrac{V}{R_T} [\text{A}]$

③ 회로망 해석에서 테브낭 회로와 노튼 회로는 서로 마음대로 변환이 가능하다.

예제 2

그림의 (a), (b)가 등가가 되기 위한 $I_g[\text{A}]$, $R[\Omega]$의 값은?

① 0.5, 10
② 0.5, $\dfrac{1}{10}$
③ 5, 10
④ 10, 10

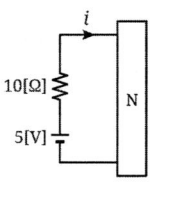
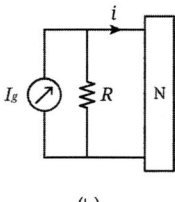

(a)   (b)

【해설】

- $I_g = \dfrac{V}{R} = \dfrac{5}{10} = 0.5[\text{A}]$
- $R_N = R_T = 10[\Omega]$

[답] ①

---

02 중첩의 원리

1) 정의
여러 개의 전압원과 전류원이 있는 회로망을 각각 1개의 전원이 있는 회로로 나누어 해석한 후, 그 각각의 결과를 합하여 회로를 해석하는 기법이다.

2) 내용
(1) 다음 회로와 같이 전압원과 전류원이 있는 회로에서 회로의 일부분에 흐르는 전류 I_2는 다음과 같이 전원이 각각 1개인 회로로 나누어 해석하여 구할 수 있다.

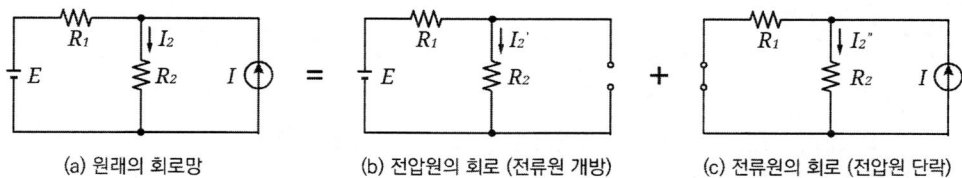

(a) 원래의 회로망 　　　　(b) 전압원의 회로 (전류원 개방) 　　　　(c) 전류원의 회로 (전압원 단락)

(2) 이때, 분리된 회로에서의 각각의 전류 $I_2^{'}$, $I_2^{''}$ 는 다음과 같이 계산한다.

- $I_2^{'} = \dfrac{E}{R_1 + R_2}[\text{A}]$,   - $I_2^{''} = \dfrac{R_1}{R_1 + R_2}I[\text{A}]$

(3) 따라서, 실제로 R_2에 흐르는 전류는,

- $I_2 = I_2^{'} + I_2^{''}[\text{A}]$

예제 3

그림의 회로에서 4[Ω]에 흐르는 전류 I를 중첩의 정리를 이용하여 구하시오.

① 1.9[A]
② 2.9[A]
③ 3.9[A]
④ 4.9[A]

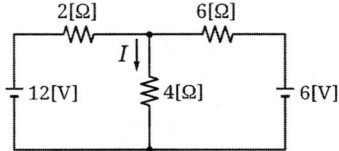

【해설】

(1) 12[V]만 있는 회로　　　　(2) 6[V]만 있는 회로

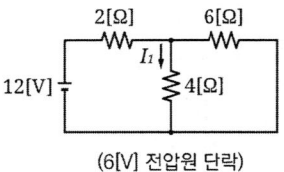
(6[V] 전압원 단락)

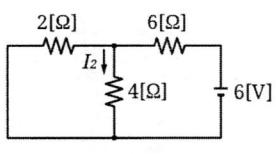
(12[V] 전압원 단락)

- $I = \dfrac{V}{R} = \dfrac{12}{2 + \dfrac{4 \times 6}{4 + 6}} = 2.73[\text{A}]$　　　　- $I = \dfrac{V}{R} = \dfrac{6}{6 + \dfrac{2 \times 4}{2 + 4}} = 0.82[\text{A}]$

- $I_1 = \dfrac{6}{4 + 6} \times 2.73 = 1.63[\text{A}]$　　　　- $I_2 = \dfrac{2}{2 + 4} \times 0.82 = 0.27[\text{A}]$

$$\therefore I = I_1 + I_2 = 1.63 + 0.27 = 1.9[\text{A}]$$

[답] ①

03 밀만의 정리

1) 정의
여러 개의 전압원이 병렬로 접속된 회로에서 출력 단자(a, b)의 전압을 구할 때 적용하는 회로망 해석 기법이다.

2) 내용
다음과 같은 회로에서 각각의 지로에 오옴의 법칙을 적용하여 해석해보면,

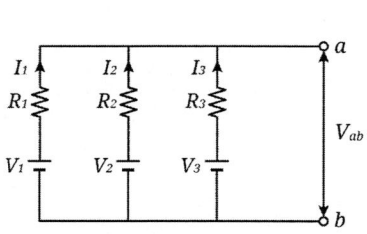

$$V_{ab} = IR = \frac{I}{\frac{1}{R}} = \frac{I_1 + I_2 + I_3}{\frac{1}{R_1} + \frac{1}{R_2} + \frac{1}{R_3}}$$

$$= \frac{\frac{V_1}{R_1} + \frac{V_2}{R_2} + \frac{V_3}{R_3}}{\frac{1}{R_1} + \frac{1}{R_2} + \frac{1}{R_3}}$$

예제 4

그림과 같은 회로에서 단자 a, b의 전압 V_{ab}를 구하시오.

① 10[V]
② 20[V]
③ 30[V]
④ 40[V]

【해설】

- $V_{ab} = \dfrac{\dfrac{V_1}{R_1} + \dfrac{V_2}{R_2}}{\dfrac{1}{R_1} + \dfrac{1}{R_2}} = \dfrac{\dfrac{6}{4} + \dfrac{12}{2}}{\dfrac{1}{4} + \dfrac{1}{2}} = 10[V]$

[답] ①

04 가역 정리

1) 정의

   회로의 입력 측 에너지와 출력 측 에너지는 항상 같다는 회로망 이론이다.

2) 내용

   그림과 같은 회로망에서 입력 에너지(P_1)과 출력 에너지(P_2)는 서로 같다. (에너지 보존의 법칙). 즉,

   - $P_1 = P_2$
   - $V_1 I_1 = V_2 I_2$

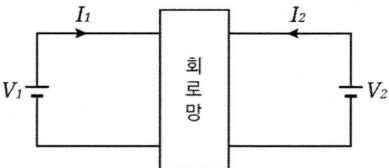

예제 5

그림과 같은 선형 회로망에서 단자 a, b 간에 100[V]의 전압을 가할 때 c, d에 흐르는 전류가 5[A]이었다. 반대로 같은 회로에서 c, d 간에 50[V]를 가하면 a, b에 흐르는 전류[A]는?

① 2.5
② 5
③ 7.5
④ 10

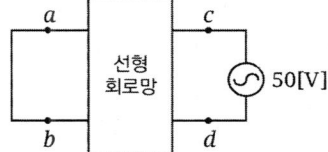

【해설】

$V_1 I_1 = V_2 I_2 \implies \quad \bullet \ I_1 = \dfrac{V_2 I_2}{V_1} = \dfrac{50 \times 5}{100} = 2.5[\text{A}]$

[답] ①

05 쌍대 회로

1) 정의
회로망에서 서로 대치가 될 수 있는 성질을 이용하여 회로망을 변경시킬 수 있다는 회로망 이론이다.

2) 내용
그림과 같은 직렬 회로망은 각각의 쌍대 성질을 이용하여 병렬 쌍대 회로로 변경시킬 수 있다.

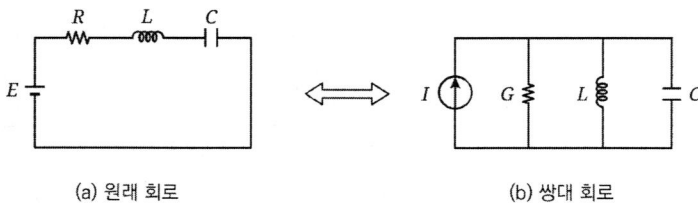

(a) 원래 회로 　　　　　　　　 (b) 쌍대 회로

예제 6

다음 회로의 쌍대 회로는?

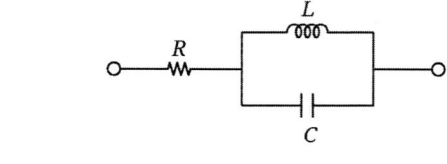

① 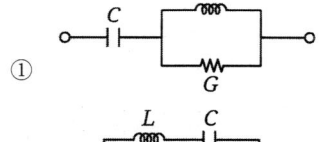　　　②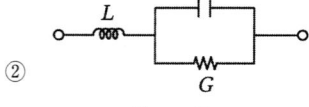

③ 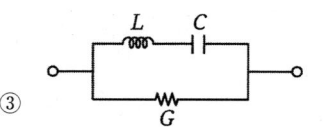　　　④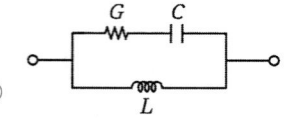

【해설】
〈회로망에서의 쌍대 관계〉
(1) 직렬 회로 ↔ 병렬 회로
(2) 저항(R) ↔ 콘덕턴스(G)
(3) 인덕턴스(L) ↔ 정전용량(C) 이므로, 다음과 같은 회로가 된다.

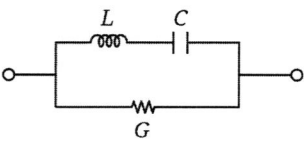

[답] ③

06 브리지 평형 회로

1) 정의
회로망에서 두 절점의 전위차가 같은 조건이 성립하면, 그 절점 사이에는 전류가 흐르지 않으므로 그 절점 사이의 소자는 소거시키더라도 회로망에 어떠한 영향도 미치지 않는 성질이 있다.

2) 내용
그림과 같은 회로망에서 두 절점 간의 전위차가 같다는 조건을 적용하면 다음과 같다.

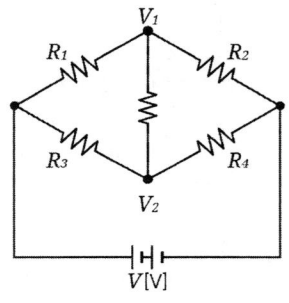

〈브리지 회로〉

- $V_1 = V_2$
- $\dfrac{R_2}{R_1 + R_2} V_1 = \dfrac{R_4}{R_3 + R_4} V_2$
- $R_2 R_3 + R_2 R_4 = R_1 R_4 + R_2 R_4$
- $R_2 R_3 = R_1 R_4$ (브리지 평형 조건)

(1) 위 브리지 평형 조건이 성립하게 되면, 두 절점의 전위차가 같다.
(2) 따라서, 저항 R에는 전류가 흐르지 않으므로 회로에서 R을 개방시켜도 회로에 어떤 영향도 미치지 않는다.

예제 7

그림의 브리지 회로가 평형 되기 위한 R_x의 값을 구하시오.
① $10[\Omega]$
② $12[\Omega]$
③ $14[\Omega]$
④ $16[\Omega]$

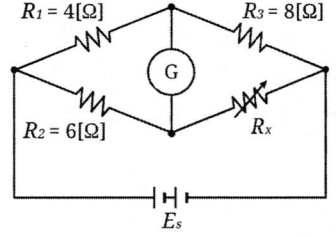

【해설】
주어진 회로에 브리지 평형 조건을 이용하여 R_x 값을 구해보면,

$4 \times R_x = 6 \times 8 \quad \Rightarrow \quad R_x = \dfrac{6 \times 8}{4} = 12[\Omega]$

[답] ②

Chapter 02. 회로망 해석 기법
적중실전문제

1. 회로에서 20[Ω]의 저항이 소비하는 전력[W]은?

① 14
② 27
③ 40
④ 80

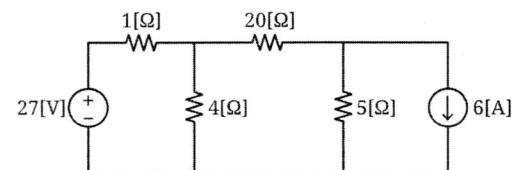

해설 1

(1) 테브낭 ↔ 노튼 등가 변환을 이용하여 20[Ω]에 흐르는 전류를 구하면,

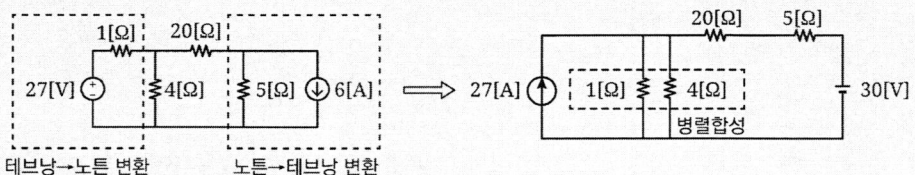

(2) 1[Ω] 저항과 4[Ω] 저항을 병렬 합성한 후, 왼쪽의 회로를 다시 테브낭 회로로 변환하여,

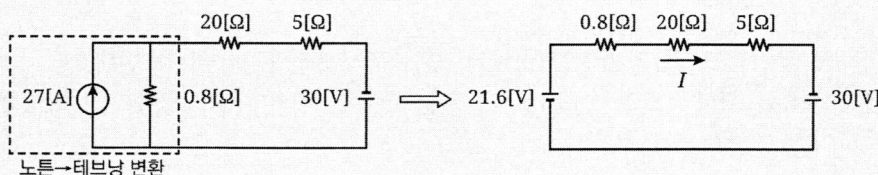

- $I = \dfrac{V}{R} = \dfrac{21.6 + 30}{0.8 + 20 + 5} = 2\,[\text{A}]$

(3) 따라서, 20[Ω] 저항에 소비되는 전력은,

- $P = I^2 R = 2^2 \times 20 = 80\,[\text{W}]$

[답] ④

2. 그림의 회로에서 테브낭 정리를 이용하기 위해 단자 a, b에서 본 저항 $R_{ab}\,[\Omega]$은?

① $\dfrac{24}{7}$ ② $\dfrac{10}{3}$
③ 14 ④ 24

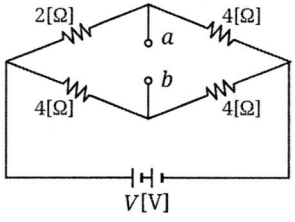

해설 2

전압원을 단락한 후, a-b 단자에서 본 합성 저항은,

$$R = \frac{2\times 4}{2+4} + \frac{4\times 4}{4+4} = \frac{8}{6} + 2 = \frac{4+6}{3} = \frac{10}{3}[\Omega]$$

[답] ②

3. 테브낭 정리를 써서 그림(a)의 회로를 그림(b)와 같은 등가 회로로 만들고자 한다. $E[V]$와 $R[\Omega]$을 구하면?

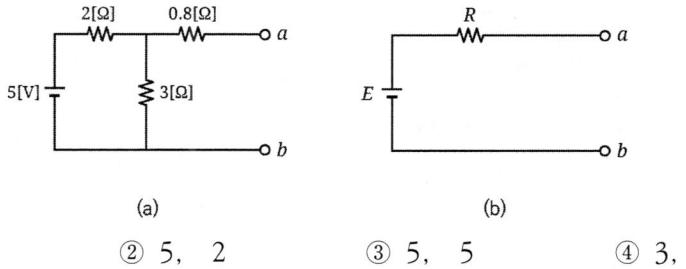

(a)　　　　　　　　　(b)

① 3, 2　　② 5, 2　　③ 5, 5　　④ 3, 2.2

해설 3

(1) 테브낭 전압 : 회로의 a, b 단자가 개방되어 있으므로 0.8[Ω]에는 전압 강하가 생기지 않는다. 따라서, a, b 단자의 전압은 3[Ω] 저항에 걸리는 전압과 같으므로,

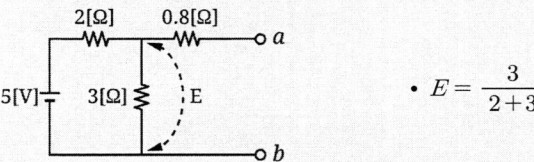

- $E = \dfrac{3}{2+3} \times 5 = 3[V]$

(2) 테브낭 저항 : 전압원 5[V]를 단락시켜 소거시킨 상태에서의 a, b 양단자 간의 합성저항을 구해보면,

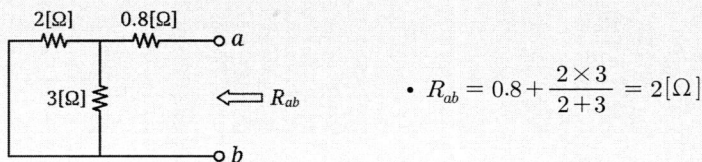

- $R_{ab} = 0.8 + \dfrac{2\times 3}{2+3} = 2[\Omega]$

[답] ①

★★★★
4. 그림에서 저항 0.2[Ω]에 흐르는 전류[A]는?

① 0.1
② 0.2
③ 0.3
④ 0.4

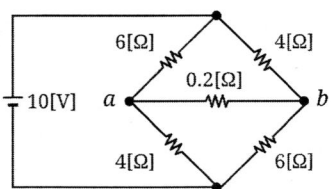

해설 4

(1) a, b 단자에 연결된 부하 저항(0.2[Ω])을 개방한 후, a, b 단자에서 본 테브낭 등가회로를 구하면,

- $V_T = \dfrac{6}{4+6} \times 10 - \dfrac{4}{6+4} \times 10 = 2[V]$

- $R_T = \dfrac{6 \times 4}{6+4} + \dfrac{4 \times 6}{4+6} = 4.8[\Omega]$

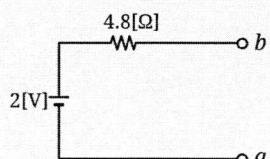

(2) 위 테브낭 회로의 a, b 단자에 부하 저항(0.2[Ω])을 연결한 후, 부하 저항에 흐르는 전류를 구하면,

- $I = \dfrac{V}{R} = \dfrac{2}{4.8+0.2} = 0.4[A]$

[답] ④

★
5. 그림의 회로망 (a)와 (b)는 등가이다. (b)회로의 저항 R 값[Ω]은?

① $\dfrac{7}{15}$ ② $\dfrac{4}{7}$

③ $\dfrac{7}{4}$ ④ $\dfrac{15}{7}$

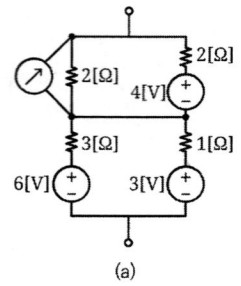
(a)
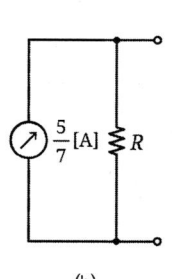
(b)

해설 5

(1) 주어진 회로에서 전압원과 전류원을 소거시킨다.
  ① 전압원 제거 : 전압원 양단을 단락시킨다.
  ② 전류원 제거 : 전류원 양단을 개방시킨다.
(2) 따라서, 전원을 제거시킨 상태에서의 합성 저항을 구하면,

- $R = \dfrac{2 \times 2}{2+2} + \dfrac{3 \times 1}{3+1} = 1 + \dfrac{3}{4} = \dfrac{4+3}{4} = \dfrac{7}{4}\,[\Omega]$

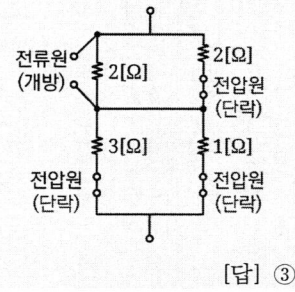

[답] ③

6. 그림과 같은 회로에서 단자 b, c 간의 전압 $V_{bc}[V]$는?

① 4
② 6
③ 8
④ 10

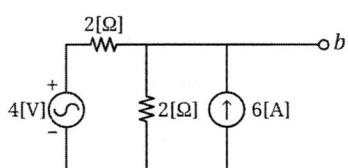

해설 6

(1) 우선 회로의 점선 부분을 노튼 → 테브냉 등가 변환하면,

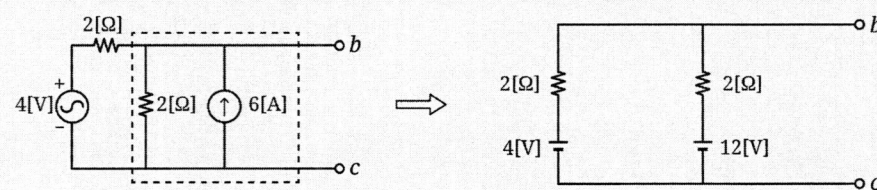

(2) 밀만의 정리를 적용하여 b, c 단자 간의 전압을 구하면,

- $V_{bc} = \dfrac{\dfrac{V_1}{R_1} + \dfrac{V_2}{R_2}}{\dfrac{1}{R_1} + \dfrac{1}{R_2}} = \dfrac{\dfrac{4}{2} + \dfrac{12}{2}}{\dfrac{4}{2} + \dfrac{12}{2}} = 8[V]$

[답] ③

7. 선형 회로에 가장 관계가 있는 것은?
   ① 키르히호프의 법칙
   ② 중첩의 원리
   ③ $V = RI^2$
   ④ 패러데이의 전자 유도 법칙

   해설 7
   (1) 키르히호프의 법칙 : 선형, 비선형 회로 모두 적용되는 법칙
   (2) 중첩의 원리 : 선형 회로에만 적용되는 법칙

   [답] ②

8. 그림에서 10[Ω]의 저항에 흐르는 전류는 몇 [A]인가?
   ① 16
   ② 15
   ③ 14
   ④ 13

   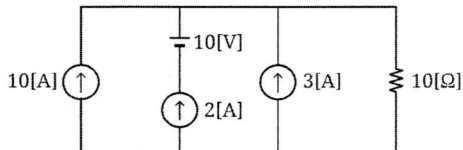

   해설 8
   (1) 중첩에 의하여 각각의 전원이 1개씩만 존재할 경우의 회로로 분리하여 10[Ω]에 흐르는 전류를 각각 구한다. 이때 제거시킬 전원은 전류원은 개방, 전압원은 단락시켜 소거한다.
   • $I_{10[A]} = 10[A]$, $I_{10[V]} = 0[A]$, $I_{2[A]} = 2[A]$, $I_{3[A]} = 3[A]$

   (2) 따라서, 10[Ω]에 흐르는 총 전류는,
   • $I = 10 + 2 + 3 = 15[A]$

   [답] ②

9. 그림에서 저항 20[Ω]에 흐르는 전류는 몇 [A]인가?
   ① 0.4
   ② 1
   ③ 3
   ④ 3.4

   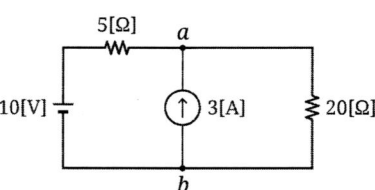

해설 9

(1) 중첩의 원리에 의하여,

① 전압원만 있는 회로   ② 전류원만 있는 회로

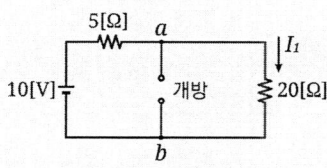 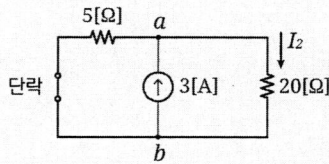

- $I_1 = \dfrac{10}{5+20} = \dfrac{10}{25}[A]$ • $I_2 = \dfrac{5}{5+20} \times 3 = \dfrac{15}{25}[A]$

(2) 따라서, $20[\Omega]$에 흐르는 전류는, $I = \dfrac{10}{25} + \dfrac{15}{25} = \dfrac{25}{25} = 1[A]$

[답] ②

---

10. 그림과 같은 회로에서 전압 $V[V]$는?

① 약 0.9
② 약 0.6
③ 약 1.47
④ 약 1.5

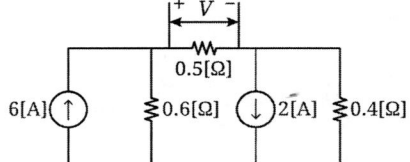

해설 10

(1) 회로의 양 측에 있는 점선 부분을 전류원 → 전압원으로 변환하면,

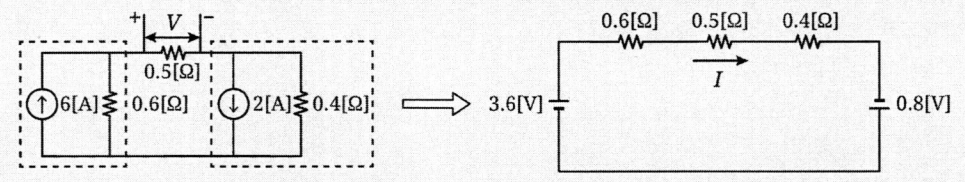

(2) 따라서, $0.5[\Omega]$에 흐르는 전류 및 전압을 구하면,

- $I = \dfrac{3.6 + 0.8}{0.6 + 0.5 + 0.4} = \dfrac{4.4}{1.5}[A]$,   • $V = IR = \dfrac{4.4}{1.5} \times 0.5 = 1.47[V]$

[답] ③

11. 그림의 회로에서 a-b 사이의 단자 전압[V]은?

① 2   ② -2
③ 5   ④ -5

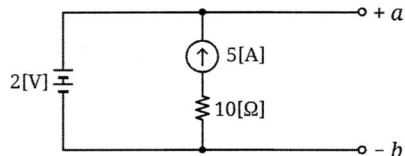

해설 11

문제의 회로는 a-b 단자에 회로의 전압 2[V]가 걸리게 되므로 전류원과 상관없이 2[V]이다.

[답] ①

12. 다음 회로의 a, b단자에서 $v-i$ 특성을 옳게 나타낸 것은?

① $v = i + 1$
② $v = 1 - i$
③ $v = i + 2$
④ $v = i - \dfrac{1}{2}$

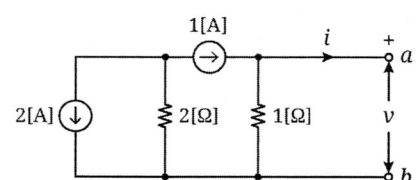

해설 12

문제의 회로에서 $1[\Omega]$의 저항에는 $1-i[A]$의 전류가 흐르므로, $1[\Omega]$에 걸리는 전압은, $v = IR = (1-i) \times 1 = 1-i$

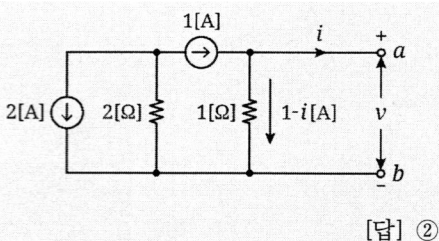

[답] ②

13. 그림과 같은 회로에서 $E_1 = 110[\text{V}]$, $E_2 = 120[\text{V}]$, $R_1 = 1[\Omega]$, $R_2 = 2[\Omega]$ 일 때 a, b 단자에 $5[\Omega]$의 R_3를 접속하였을 때 a, b간의 전압 $V_{ab}[\text{V}]$은?

① 85
② 90
③ 100
④ 105

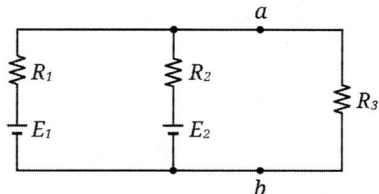

해설 13

밀만의 정리에 의하여,

$$V_{ab} = \frac{\dfrac{E_1}{R_1} + \dfrac{E_2}{R_2} + \dfrac{E_3}{R_3}}{\dfrac{1}{R_1} + \dfrac{1}{R_2} + \dfrac{1}{R_3}} = \frac{\dfrac{110}{1} + \dfrac{120}{2} + \dfrac{0}{5}}{\dfrac{1}{1} + \dfrac{1}{2} + \dfrac{1}{5}} = 100[\text{V}]$$

[답] ③

14. 그림과 같은 선형 회로망에서 단자 a, b 간에 100[V]의 전압을 가할 때 c, d 에 흐르는 전류가 5[A]이었다. 반대로 같은 회로에서 c, d 간에 50[V]를 가하면 a, b 에 흐르는 전류[A]는?

① 2.5
② 10
③ 25
④ 50

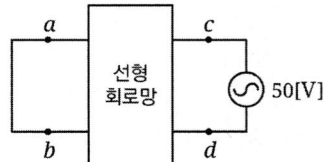

해설 14

가역 정리에 의하여,

$V_1 I_1 = V_2 I_2 \quad \Rightarrow \quad \cdot\; I_1 = \dfrac{V_2 I_2}{V_1} = \dfrac{50 \times 5}{100} = 2.5[\text{A}]$

[답] ①

15. 그림과 같은 회로망 Z_a 지로 300[V]의 전압을 가할 때 Z_b 지로에 30[A]의 전류가 흘렀다. Z_b 지로에 200[V]의 전압을 가할 때 Z_a 지로에 흐르는 전류[A]를 구하면?

① 10
② 20
③ 30
④ 40

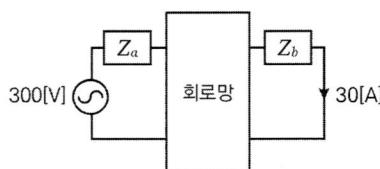

해설 15

가역 정리에 의하여,

$V_1 I_1 = V_2 I_2 \Rightarrow \; \cdot \; I_1 = \dfrac{V_2 I_2}{V_1} = \dfrac{200 \times 30}{300} = 20\,[\text{A}]$

[답] ②

---

16. 그림과 같은 회로에 흐르는 전류 I는 몇 [A]인가?

① 1.0
② 1.2
③ 1.5
④ 1.8

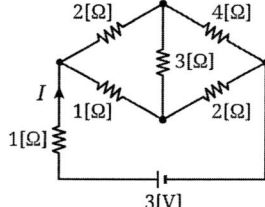

해설 16

(1) 문제의 회로는 브리지 평형 조건이 성립한다. 따라서 회로의 3[Ω] 저항은 개방시켜서 소거시켜도 회로에 상관이 없다.

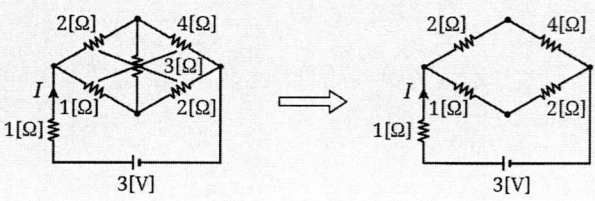

(2) 회로의 합성 저항을 구하고, 회로에 흐르는 전류를 계산하면,

$R = 1 + \dfrac{(2+4) \times (1+2)}{(2+4)+(1+2)} = 3\,[\Omega]$, $\; \cdot \; I = \dfrac{V}{R} = \dfrac{3}{3} = 1\,[\text{A}]$

[답] ①

17. 그림과 같은 회로에서 단자 a, b 사이의 합성 저항은?

① r

② $\dfrac{3}{2}r$

③ $\dfrac{1}{2}r$

④ $3r$

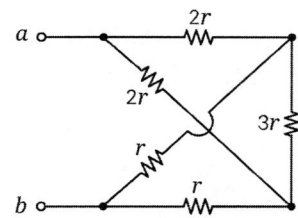

해설 17

(1) 주어진 회로는 브리지 평형 상태이므로 $3r$ 저항은 개방시켜 소거시킬 수 있다.

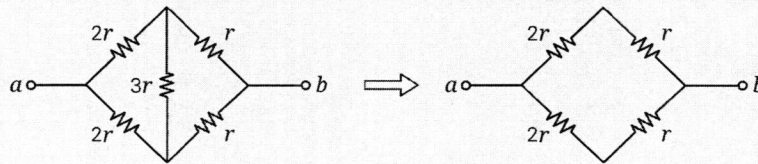

(2) 따라서, a, b 단자 사이의 합성 저항은,

$$R_{ab} = \dfrac{2r+r}{2} = \dfrac{3}{2}r$$

[답] ②

MEMO

Chapter 03

교류 전원

01. 교류 파형

● 적중실전문제

Chapter 03 교류 전원

01 교류 파형

1) 직류(DC)와 교류(AC)의 차이점
직류는 시간의 흐름에 상관없이 크기가 일정한 전원이고, 교류는 시간이 경과함에 따라 전압이나 전류의 크기가 수시로 변하는 전원을 말한다.

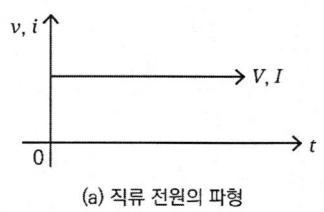

(a) 직류 전원의 파형

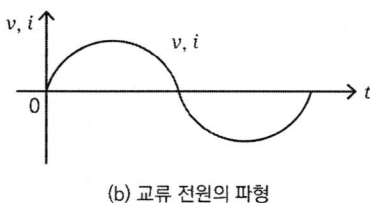

(b) 교류 전원의 파형

2) 교류의 표현 방법
(1) 순시값

시간에 따라 그 크기가 변하는 교류의 매 순간 순간 값을 표현한 값

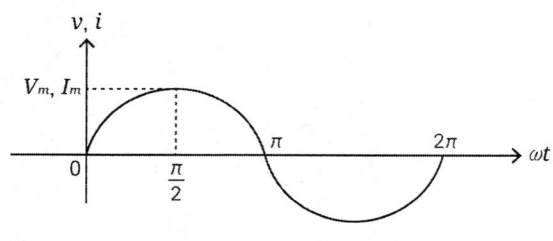

〈정현파 교류 파형의 예〉

- $v(t) = V_m \sin(\omega t \pm \theta)\,[\text{V}]$
- $i(t) = I_m \sin(\omega t \pm \theta)\,[\text{A}]$
- $V_m,\ I_m$: 전압, 전류의 최대값
- ω : 각 주파수($= 2\pi f\,[\text{rad/sec}]$)
- θ : 전압, 전류의 위상[°]

(2) 평균값
  ① 크기가 수시로 변하는 교류의 평균을 취한 값
     (보통 전압계, 전류계와 같은 계측기에서 많이 사용)

  ② 정현파 교류의 평균값

  $$V_a = \frac{1}{T}\int_0^T v(t)\,dt = \frac{1}{\frac{\pi}{2}}\int_0^{\frac{\pi}{2}} V_m \sin t\,dt = \frac{2}{\pi} V_m \left[-\cos t\right]_0^{\frac{\pi}{2}}$$

  $$= \frac{2}{\pi} V_m = 0.637\,V_m$$

예제 1

$v = 141\sin\left(377t - \dfrac{\pi}{6}\right)$ 인 파형의 주파수[Hz]는?

① 377 ② 100 ③ 60 ④ 50

【해설】
교류의 순시값 표현식 $v(t) = V_m \sin(\omega t \pm \theta)$ 에서, $\omega = 2\pi f = 377[\text{rad/sec}]$ 임을 알 수 있으며, 주파수는 $f = \dfrac{\omega}{2\pi} = \dfrac{377}{2\pi} = 60[\text{Hz}]$ 이다.

[답] ③

---

(3) 실효값
  ① 우리가 실제로 사용하는 교류를 표현한 값으로서, 부하에 실제로 효력을 나타내는 값이다.

  ② 정현파 교류의 실효값

  $$V = \sqrt{\frac{1}{T}\int_0^{\frac{\pi}{2}} v(t)^2\,dt} = \sqrt{\frac{1}{\frac{\pi}{2}}\int_0^{\frac{\pi}{2}} V_m^2 \sin^2 t\,dt}$$

  $$= \sqrt{\frac{2}{\pi}V_m^2 \int_0^{\frac{\pi}{2}} \frac{1}{2}(1-\cos 2t)\,dt}$$

  $$= \sqrt{\frac{1}{\pi}\times V_m^2 \left[t - \frac{1}{2}\sin 2t\right]_0^{\frac{\pi}{2}}} = \sqrt{\frac{V_m^2}{2}} = \frac{V_m}{\sqrt{2}} = 0.707\,V_m$$

예제 2

어떤 교류 전압의 평균값이 382[V]일 때 실효값은 약 얼마인가?

① 164 ② 240 ③ 365 ④ 424

【해설】

(1) 평균값 $V_a = 0.637 V_m$ 에서 최대값은 $V_m = \dfrac{V_a}{0.637} = \dfrac{382}{0.637} = 599.69$ [V]이므로,

실효값은 $V = 0.707 V_m = 0.707 \times 599.69 = 424$ [V]

(2) 별해
- 평균값과 실효값은 약 10[%]의 차이가 난다고 근사적으로 생각하여 풀어도 무방하다. 즉, 실효값 = 평균값 × 1.1[배] = 382 × 1.1 = 420[V]로서 424[V]와 근사적으로 비슷하다.

[답] ④

3) 시험에 자주 나오는 여러 가지 교류 파형의 평균값 및 실효값

종류	파형	평균값	실효값
정현파		$\dfrac{2}{\pi}V_m$	$\dfrac{1}{\sqrt{2}}V_m$
반파 정류파		$\dfrac{1}{\pi}V_m$	$\dfrac{1}{2}V_m$
구형파		V_m	V_m
반 구형파		$\dfrac{1}{2}V_m$	$\dfrac{1}{\sqrt{2}}V_m$
삼각파		$\dfrac{1}{2}V_m$	$\dfrac{1}{\sqrt{3}}V_m$

예제 3

그림과 같은 전압 파형의 실효값은?

① 47.7
② 57.7
③ 67.7
④ 77.7

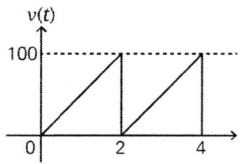

【해설】
문제에 주어진 파형은 삼각파(톱니파)이므로,
$V = \dfrac{V_m}{\sqrt{3}} = \dfrac{100}{\sqrt{3}} = 57.7[\text{V}]$

[답] ②

4) 파형률 및 파고율

(1) 파형률 및 파고율의 정의

구형파를 기준(1.0)으로 하였을 때, 교류 파형들의 찌그러짐 정도를 나타내는 계수

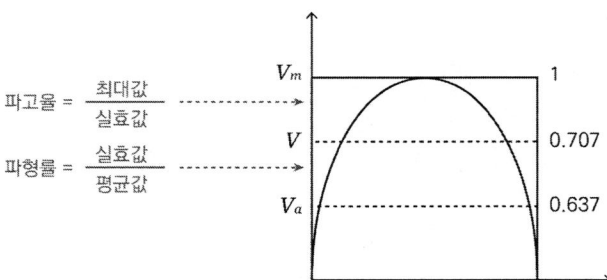

파고율 = $\dfrac{\text{최대값}}{\text{실효값}}$

파형률 = $\dfrac{\text{실효값}}{\text{평균값}}$

(2) 파형률 및 파고율 계산 식

- 파고율 = $\dfrac{\text{최대값}(V_m)}{\text{실효값}(V)}$,   - 파형률 = $\dfrac{\text{실효값}(V)}{\text{평균값}(V_a)}$

예제 4

구형파의 파형률과 파고율은?
① 1, 0 ② 1, 2 ③ 1, 1 ④ 0, 1

【해설】
구형파의 파형률과 파고율은 각각,

- 파형률 = $\dfrac{\text{실효값}}{\text{평균값}} = \dfrac{V_m}{V_m} = 1$, • 파고율 = $\dfrac{\text{최대값}}{\text{실효값}} = \dfrac{V_m}{V_m} = 1$ 로서,

모두 1이 된다.

[답] ③

5) 교류의 벡터 표현 및 계산 방법

(1) 순시값 $v(t) = V_m \sin(\omega t \pm \theta)[\text{V}]$ 인 교류 전압을 극좌표 형식 및 삼각 함수형으로 표현해보면,

- $v(t) = V_m \sin(\omega t \pm \theta) = \dfrac{V_m}{\sqrt{2}} \angle \pm \theta = \dfrac{V_m}{\sqrt{2}}(\cos\theta \pm j\sin\theta)[\text{V}]$

로 표현할 수 있다.

(2) 벡터의 계산 방법

두 교류 전압의 순시값이

- $v_1(t) = V_{1m}\sin(\omega t + \theta_1)$, • $v_2(t) = V_{2m}\sin(\omega t + \theta_2)$

이라면, 각각의 실효값으로 구한 연산 방법은 다음과 같다.

① 덧셈

$$V_1 + V_2 = \dfrac{V_{1m}}{\sqrt{2}} \angle \theta_1 + \dfrac{V_{2m}}{\sqrt{2}} \angle \theta_2$$

$$= \dfrac{V_{1m}}{\sqrt{2}}(\cos\theta_1 + j\sin\theta_2) + \dfrac{V_{2m}}{\sqrt{2}}(\cos\theta_2 + j\sin\theta_2)$$

$$= \left(\dfrac{V_{1m}}{\sqrt{2}}\cos\theta_1 + \dfrac{V_{2m}}{\sqrt{2}}\cos\theta_2\right) + j\left(\dfrac{V_{1m}}{\sqrt{2}}\sin\theta_1 + \dfrac{V_{2m}}{\sqrt{2}}\sin\theta_2\right)$$

② 뺄셈

$$V_1 + V_2 = \frac{V_{1m}}{\sqrt{2}} \angle \theta_1 - \frac{V_{2m}}{\sqrt{2}} \angle \theta_2$$

$$= \left(\frac{V_{1m}}{\sqrt{2}}\cos\theta_1 - \frac{V_{2m}}{\sqrt{2}}\cos\theta_2\right) + j\left(\frac{V_{1m}}{\sqrt{2}}\sin\theta_1 - \frac{V_{2m}}{\sqrt{2}}\sin\theta_2\right)$$

③ 곱셈

$$V_1 \times V_2 = \frac{V_{1m}}{\sqrt{2}} \angle \theta_1 \times \frac{V_{2m}}{\sqrt{2}} \angle \theta_2 = \frac{V_{1m}}{\sqrt{2}} \times \frac{V_{2m}}{\sqrt{2}} \angle \theta_1 + \theta_2$$

④ 나눗셈

$$\frac{V_1}{V_2} = \frac{V_{1m} \angle \theta_1}{V_{2m} \angle \theta_2} = \frac{V_{1m}}{V_{2m}} \angle \theta_1 - \theta_2$$

예제 5

전류의 크기가 $i_1 = 30\sqrt{2}\sin\omega t\,[A]$, $i_2 = 40\sqrt{2}\sin\left(\omega t + \frac{\pi}{2}\right)$일 때 $i_1 + i_2$의 실효값은 몇 [A]인가?

① 50   ② $50\sqrt{2}$ ③ 70   ④ $70\sqrt{2}$

【해설】
(1) $I_1 + I_2 = 30 \angle 0° + 40 \angle 90° = 30 + 40(\cos 90° + j\sin 90°) = 30 + j40$
(2) $|I_1 + I_2| = \sqrt{30^2 + 40^2} = 50[A]$

[답] ①

Chapter 03. 교류 전원
적중실전문제

1. $i_1 = I_m \sin\omega t$ 와 $i_2 = I_m \cos\omega t$ 인 두 교류 전류의 위상차는 몇 도인가?

① 0° ② 60° ③ 30° ④ 90°

해설 1

(1) 교류의 기본은 sin 함수이므로 전류 i_2의 cos 함수를 sin 함수로 우선 변환하면,
- $i_2 = I_m \cos\omega t = I_m \sin(\omega t + 90°)$

(2) 따라서, 두 전류의 위상차는 90°이다.

[답] ④

2. 2개의 교류 전압 $e_1 = 141\sin(120\pi t - 30°)$ 과 $e_2 = 150\cos(120\pi t - 30°)$ 의 위상차를 시간으로 표시하면 몇 초인가?

① $\dfrac{1}{60}$ ② $\dfrac{1}{120}$ ③ $\dfrac{1}{240}$ ④ $\dfrac{1}{360}$

해설 2

(1) 교류의 기본은 sin 함수이므로 전압 e_2의 cos 함수를 sin 함수로 우선 변환하면,
- $e_2 = 150\cos(120\pi t - 30°) = 150\sin(120\pi t - 30° + 90°) = 150\sin(120\pi t + 60°)$

(2) 따라서, 두 전류의 위상차는,
- $\theta = 60° - (-30°) = 90°$

(3) $\omega = 2\pi f = 120\pi$ 에서 주파수는 60[Hz]이므로, 90°를 시간[sec]으로 환산하면,
- $90° = \dfrac{1}{60} \times \dfrac{1}{4} = \dfrac{1}{240}$ [초]

[답] ③

3. 어떤 정현파 전압의 평균값이 191[V]이면 최대값[V]은?

① 약 150 ② 약 250 ③ 약 300 ④ 약 400

해설 3

$V_a = 0.637 V_m$ 이므로 최대값은,

$V_m = \dfrac{V_a}{0.637} = \dfrac{191}{0.637} \fallingdotseq 300[V]$

[답] ③

4. 정현파 교류의 평균값에 어떠한 수를 곱하면 실효값을 얻을 수 있는가?

① $\dfrac{2\sqrt{2}}{\pi}$ ② $\dfrac{\sqrt{3}}{2}$ ③ $\dfrac{2}{\sqrt{3}}$ ④ $\dfrac{\pi}{2\sqrt{2}}$

해설 4

(1) 정현파 교류의 평균값에서 최대값은,
- $V_a = \dfrac{2}{\pi} V_m \Rightarrow \therefore V_m = \dfrac{\pi}{2} V_a$

(2) 이를 정현파 교류의 실효값에 대입하면,
- $V = \dfrac{1}{\sqrt{2}} V_m = \dfrac{1}{\sqrt{2}} \times \dfrac{\pi}{2} V_a = \dfrac{\pi}{2\sqrt{2}} V_a$

[답] ④

5. 그림과 같은 $v = 100\sin\omega t$인 교류 전압의 반파 정류파에 있어서 사선 부분의 평균값[V]은?

① 27.17
② 37
③ 45
④ 51.7

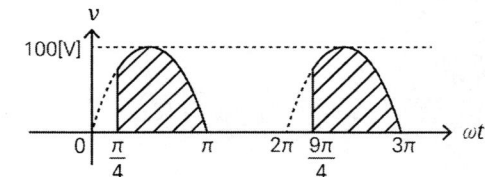

해설 5

(1) $V_a = \dfrac{1}{T}\displaystyle\int_0^T v(t)\,dt = \dfrac{1}{2\pi}\int_{\frac{\pi}{4}}^{\pi} 100\sin t\,dt = \dfrac{100}{2\pi}\Big[-\cos t\Big]_{\frac{\pi}{4}}^{\pi} = 27.17[\text{V}]$

(2) 별해

주어진 파형을 근사적으로 반정현파로 가정하고 평균값을 구하면,

$V_a = \dfrac{1}{\pi} V_m = \dfrac{100}{\pi} = 31.8[\text{V}]$ 가 되며,

실제로는 완전한 반정현파는 아니므로 이 값보다 작다.

[답] ①

6. 최대값이 100[V]인 사인파 교류의 평균값은?

① 141   ② 70.7   ③ 63.7   ④ 53.8

해설 6

- $V_a = 0.637\, V_m = 0.637 \times 100 = 63.7[\text{V}]$

[답] ③

7. 그림과 같이 처음 10초간은 50[A]의 전류를 흘리고, 다음 20초간은 40[A]의 전류를 흘리면 전류의 실효값[A]은? (단, 주기는 30초라 한다.)

① 38.7
② 43.6
③ 46.8
④ 51.5

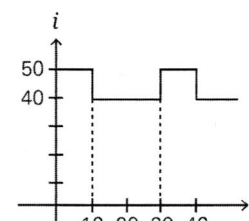

해설 7

(1) $I = \sqrt{\dfrac{1}{T} \int_0^T i^2 dt} = \sqrt{\dfrac{1}{30}\left\{\int_0^{10} 50^2 dt + \int_{10}^{30} 40^2 dt\right\}} = 43.6[\text{A}]$

(2) 별해

　문제에서는 실효값을 구하는 것이지만, 평균값을 구하기가 훨씬 수월하므로 우선 평균값을 구해보면, $I_a = \dfrac{50 \times 10 + 40 \times 20}{30} = 43.3[\text{A}]$의 결과가 나오고 실제로는 실효값을 구하는 것이므로 43.3[A]보다 약간 큰 값인 43.6[A]를 선택한다.

[답] ②

8. 그림과 같은 정류 회로에서 부하 R에 흐르는 직류 전류의 크기는 약 몇 [A]인가? (단, V=100[V], $R = 10\sqrt{2}\,[\Omega]$이다.)
   ① 5.6
   ② 6.4
   ③ 4.4
   ④ 3.2

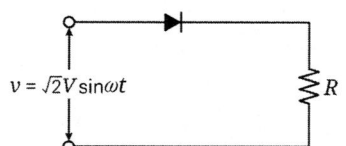

해설 8

(1) 저항에 흐르는 최대 전류는, $I_m = \dfrac{V_m}{R} = \dfrac{100\sqrt{2}}{10\sqrt{2}} = 10[A]$

(2) 반파 정류 회로이므로 저항에는 반파 정현파가 흐르게 되고, 직류는 평균값을 의미하므로, $I_a = \dfrac{1}{\pi} I_m = \dfrac{1}{\pi} \times 10 = 3.2[A]$

[답] ④

9. 다음 중 정현 반파 실효값의 2배의 실효값을 갖는 파는?
   ① 맥동파   ② 삼각파   ③ 제형파   ④ 구형파

해설 9

정현 반파의 실효값은 $V = \dfrac{1}{2} V_m$이고, 구형파의 실효값은 $V = V_m$이므로, 구형파의 실효값이 정현 반파 실효값의 2배이다.

[답] ④

10. 그림과 같은 파형의 실효값은?

① 47.7
② 57.7
③ 67.7
④ 77.5

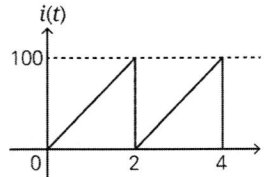

해설 10

삼각파의 실효값은, $I = \dfrac{1}{\sqrt{3}} I_m = \dfrac{100}{\sqrt{3}} = 57.7[A]$

[답] ②

11. 무유도 저항 부하에 그림 (a)와 같이 정현파 교류를 정류한 맥류가 흐를 때 그림 (b)와 같이 접속된 가동 코일형 전압계 및 전류계의 지시값 V_a, I_a에 의하여 부하의 전력을 구하면?

① $\dfrac{\pi^2}{8} V_a I_a$
② $V_a I_a$
③ $\dfrac{\pi^2}{4} V_a I_a$
④ $\dfrac{\pi^2}{2} V_a I_a$

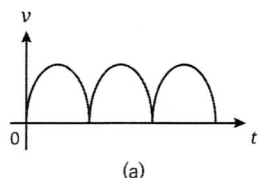
(a)

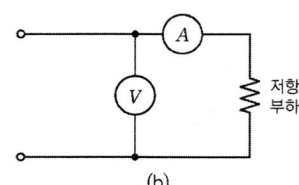
(b)

해설 11

(1) 가동 코일형 계측기 : 평균값을 지시, 열선형 계측기 : 실효값을 지시
(2) 따라서, 전파 정류파는 정현파와 크기가 같으므로 저항 부하(역률 100[%])의 소비전력은,

• $P = VI\cos\theta = \dfrac{\pi}{2\sqrt{2}} V_a \times \dfrac{\pi}{2\sqrt{2}} I_a \times 1 = \dfrac{\pi^2}{8} V_a I_a [W]$

[답] ①

12. 그림과 같은 파형의 맥동 전류를 열선형 계기로 측정한 결과 10[A]이었다. 이를 가동 코일형 계기로 측정할 때 전류의 값은 몇 [A]인가?

① 7.07
② 10
③ 14.14
④ 17.32

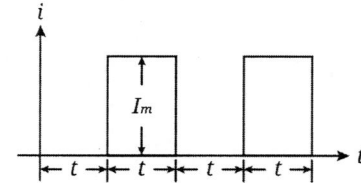

해설 12

(1) 가동 코일형 계측기 : 평균값을 지시, 열선형 계측기 : 실효값을 지시

(2) 따라서, 열선형 계기로 측정한 10[A]는 실효값이므로 반 구형파의 최대값은,

- $I = \dfrac{I_m}{\sqrt{2}} \Rightarrow \therefore I_m = \sqrt{2}\,I = 10\sqrt{2}\,[\text{A}]$

(3) 이를 가동 코일형 계기로 측정한 평균값을 구해보면,

- $I_a = \dfrac{I_m}{2} = \dfrac{10\sqrt{2}}{2} = 7.07\,[\text{A}]$

[답] ①

---

13. 그림과 같은 파형을 가진 맥류 전류의 평균값이 10[A]라면 전류의 실효값 [A]는?

① 10 ② 14
③ 20 ④ 28

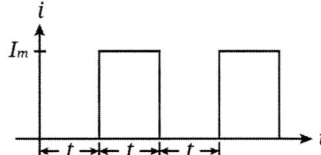

해설 13

(1) 우선, 문제에 주어진 반 구형파의 최대값을 구하면,

- $I_a = \dfrac{I_m}{2} \Rightarrow \therefore I_m = 2I_a = 2 \times 10 = 20\,[\text{A}]$

(2) 따라서, 반 구형파의 실효값은,

- $I = \dfrac{I_m}{\sqrt{2}} = \dfrac{20}{\sqrt{2}} = 14.14\,[\text{A}]$

[답] ②

14. 그림과 같은 파형의 파고율은 얼마인가?

① 2.828
② 1.732
③ 1.414
④ 1

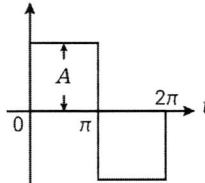

해설 14

$$파고율 = \frac{최대값(V_m)}{실효값(V)} = \frac{V_m}{V_m} = 1$$

[답] ④

15. 그림과 같은 파형의 파고율은 얼마인가?

① $\dfrac{1}{\sqrt{3}}$
② $\dfrac{2}{\sqrt{3}}$
③ $\sqrt{3}$
④ $\sqrt{6}$

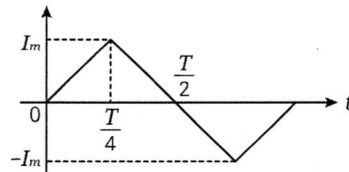

해설 15

$$파고율 = \frac{최대값(V_m)}{실효값(V)} = \frac{V_m}{\dfrac{V_m}{\sqrt{3}}} = \sqrt{3}$$

[답] ③

16. 구형파의 파형률과 파고율은?

① 1, 0 ② 1, 2 ③ 1, 1 ④ 0, 1

해설 16

(1) 파고율 = $\dfrac{\text{최대값}(V_m)}{\text{실효값}(V)} = \dfrac{V_m}{V_m} = 1$ (2) 파형률 = $\dfrac{\text{실효값}(V)}{\text{평균값}(V_a)} = \dfrac{V_m}{V_m} = 1$

[답] ③

17. 파고율이 2가 되는 파는?

① 정현파 ② 톱니파
③ 반파 정류파 ④ 전파 정류파

해설 17

(1) 정현파 : 파고율 = $\dfrac{V_m}{\dfrac{V_m}{\sqrt{2}}} = \sqrt{2}$ (2) 톱니파(삼각파) : 파고율 = $\dfrac{V_m}{\dfrac{V_m}{\sqrt{3}}} = \sqrt{3}$

(3) 반파 정류파 : 파고율 = $\dfrac{V_m}{\dfrac{V_m}{2}} = 2$ (4) 전파 정류파 : 파고율 = $\dfrac{V_m}{\dfrac{V_m}{\sqrt{2}}} = \sqrt{2}$

[답] ③

18. $i_1 = 5\sqrt{2}\sin(\omega t + \theta)$와 $i_2 = 3\sqrt{2}\sin(\omega t + \theta - \pi)$와의 차에 상당하는 전류의 실효값[A]은?

① $9\sqrt{2}$ ② 8 ③ 3 ④ $3\sqrt{2}$

해설 18

(1) 우선 문제에 주어진 두 전류의 실효값을 벡터로 표현하면,
- $I_1 = 5\angle\theta = 5\angle 0°$, $I_2 = 3\angle\theta - \pi = 3\angle -\pi = 3\angle -180°$

(2) 따라서, 두 전류의 차는,
- $I = I_1 - I_2 = 5\angle 0° - 3\angle -180° = 5 - 3[\cos(-180°) + j\sin(-180°)] = 8$ [A]

[답] ②

19. $v = 100\sqrt{2}\sin\left(\omega t + \dfrac{\pi}{3}\right)$를 복소수로 표시하면?

① $50\sqrt{3} + j50\sqrt{3}$ ② $50 + j50\sqrt{3}$
③ $50 + j50$ ④ $50\sqrt{3} + j50$

해설 19

$v = 100\sqrt{2}\sin\left(\omega t + \dfrac{\pi}{3}\right) \Rightarrow \cdot V = 100\angle 60° = 100(\cos 60° + j\sin 60°) = 50 + j50\sqrt{3}$

[답] ②

20. $A_1 = 20\left(\cos\dfrac{\pi}{3} + j\sin\dfrac{\pi}{3}\right)$, $A_2 = 5\left(\cos\dfrac{\pi}{6} + j\sin\dfrac{\pi}{6}\right)$로 표시되는 두 벡터가 있다. $A_3 = A_1/A_2$의 값은 얼마인가?

① $10\left(\cos\dfrac{\pi}{3} + j\sin\dfrac{\pi}{3}\right)$ ② $10\left(\cos\dfrac{\pi}{6} + j\sin\dfrac{\pi}{6}\right)$
③ $4\left(\cos\dfrac{\pi}{3} + j\sin\dfrac{\pi}{3}\right)$ ④ $4\left(\cos\dfrac{\pi}{6} + j\sin\dfrac{\pi}{6}\right)$

해설 20

$A_3 = \dfrac{A_1}{A_2} = \dfrac{20\left(\cos\dfrac{\pi}{3} + j\sin\dfrac{\pi}{3}\right)}{5\left(\cos\dfrac{\pi}{6} + j\sin\dfrac{\pi}{6}\right)} = \dfrac{20\left(\cos\dfrac{2\pi}{6} + j\sin\dfrac{2\pi}{6}\right)}{5\left(\cos\dfrac{\pi}{6} + j\sin\dfrac{\pi}{6}\right)} = 4\left(\cos\dfrac{\pi}{6} + j\sin\dfrac{\pi}{6}\right)$

[답] ④

교류 기본 회로

01. 회로 기본 소자의 특성
02. 직렬 회로
03. 병렬 회로
04. R-X의 직렬 및 병렬 회로에서의 역률 및 무효율
05. R-L-C의 직렬 및 병렬 회로에서의 공진 현상
- 적중실전문제

Chapter 04 교류 기본 회로

01 회로 기본 소자의 특성

1) 저항 회로 $R[\Omega]$

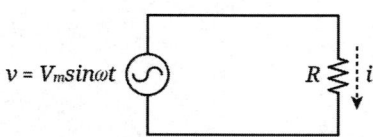

(1) 전류
- $i = \dfrac{v}{R} = \dfrac{V_m}{R}\sin\omega t$

(2) 위상
- 전압과 전류의 위상이 같다. (동상 소자)

2) 인덕턴스 회로 $L[\mathrm{H}]$

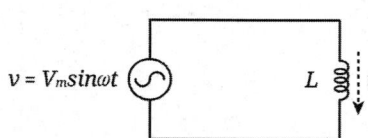

(1) 리액턴스
- $\dot{Z} = j\omega L\,[\Omega] = jX_L\,[\Omega]$
  $= X_L \angle 90°\,[\Omega]$
  (X_L : 유도성 리액턴스)

(2) 전류
- $i = \dfrac{v}{X} = \dfrac{V_m \sin\omega t}{X_L \angle 90°} = \dfrac{V_m}{X_L}\sin(\omega t - 90°)$

(3) 위상
- 회로의 인가 전압에 비해서 전류의 위상이 90° 늦다.(지상 소자)

3) 커패시터(정전 용량) 회로 $C[\mathrm{F}]$

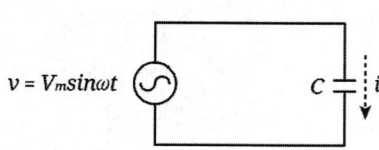

(1) 리액턴스
- $\dot{Z} = \dfrac{1}{j\omega C}\,[\Omega] = -jX_c\,[\Omega]$
  $= X_c \angle -90°\,[\Omega]$
  (X_c : 용량성 리액턴스)

(2) 전류
- $i = \dfrac{v}{X} = \dfrac{V_m \sin\omega t}{X_c \angle -90°} = \dfrac{V_m}{X_c}\sin(\omega t + 90°)$

(3) 위상
- 회로의 인가 전압에 비해서 전류의 위상이 90° 빠르다.(진상 소자)

> **예제 1**
> 60[Hz]에서 3[Ω]의 리액턴스를 갖는 자기 인덕턴스 및 정전 용량 값을 구하면?
> ① 6[mH], 660[μF]　　　② 7[mH], 770[μF]
> ③ 8[mH], 880[μF]　　　④ 9[mH], 990[μF]
> 【해설】
> ① $X_L = \omega L = 2\pi f L = 3[\Omega]$
> 　⇒　• $L = \dfrac{X_L}{2\pi f} = \dfrac{3}{2\pi \times 60} = 8 \times 10^{-3}[H] = 8[mH]$
> ② $X_c = \dfrac{1}{\omega C} = \dfrac{1}{2\pi f C} = 3[\Omega]$
> 　⇒　• $C = \dfrac{1}{2\pi f X_c} = \dfrac{1}{2\pi \times 60 \times 3} = 880 \times 10^{-6}[F] = 880[\mu F]$
>
> [답] ③

02 직렬 회로

1) 저항과 인덕턴스의 직렬 회로

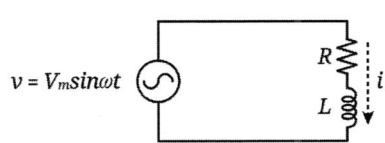

(1) 임피던스
- $\dot{Z} = R + j\omega L\,[\Omega] = |Z|\angle\theta\,[\Omega]$
① 크기 : $|Z| = \sqrt{R^2 + X_L^2}$
② 위상 : $\theta = \tan^{-1}\dfrac{X_L}{R}$

(2) 전류
- $i = \dfrac{v}{Z} = \dfrac{V_m \sin\omega t}{|Z|\angle\theta} = \dfrac{V_m}{|Z|}\sin(\omega t - \theta)$

(3) 위상
- 회로의 인가 전압에 비해서 전류의 위상이 θ만큼 늦다.(지상 회로)

2) 저항과 커패시턴스의 직렬 회로

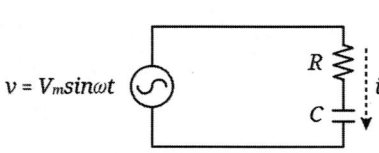

(1) 임피던스
- $\dot{Z} = R - j\dfrac{1}{\omega C}\,[\Omega]$
  $= |Z| \angle -\theta\,[\Omega]$
  ① 크기 : $|Z| = \sqrt{R^2 + X_c^2}$
  ② 위상 : $\theta = \tan^{-1}\dfrac{-X_c}{R}$

(2) 전류
- $i = \dfrac{v}{Z} = \dfrac{V_m \sin\omega t}{|Z| \angle -\theta} = \dfrac{V_m}{|Z|}\sin(\omega t + \theta)$

(3) 위상
- 회로의 인가 전압에 비해서 전류의 위상이 θ 만큼 빠르다.(진상 회로)

3) 저항과 인덕턴스 및 커패시턴스의 직렬 회로

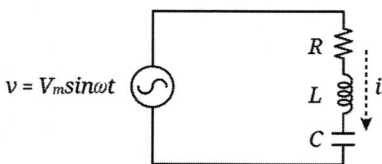

(1) 임피던스
- $\dot{Z} = R + j\omega L - j\dfrac{1}{\omega C}\,[\Omega] = R + j\left(\omega L - \dfrac{1}{\omega C}\right) = |Z| \angle \pm\theta\,[\Omega]$
  ① 크기 : $|Z| = \sqrt{R^2 + X^2}$, $X = X_L - X_c\,[\Omega]$
  ② 위상 : $\theta = \tan^{-1}\dfrac{X}{R}$ ($X_L > X_c$인 경우 $+\theta$, $X_L < X_c$인 경우 $-\theta$)

(2) 전류
- $i = \dfrac{v}{Z} = \dfrac{V_m \sin\omega t}{|Z| \angle \pm\theta} = \dfrac{V_m}{|Z|}\sin(\omega t \mp \theta)$

(3) 위상
- 회로의 인가 전압에 비해서 전류의 위상이 θ 만큼 늦을 수도 있고, 빠를 수도 있다.

예제 2

저항 10[Ω], 인덕턴스 10[mH]인 인덕턴스에 실효값 100[V]인 정현파 전압을 인가했을 때 흐르는 전류의 최대값[A]은? 단, 정현파의 각 주파수는 1000[rad/s]이다.

① 5　　　　② $5\sqrt{2}$　　　　③ 10　　　　④ $10\sqrt{2}$

【해설】

(1) 임피던스는, $Z = R + j\omega L = 10 + j1000 \times 10 \times 10^{-3} = 10 + j10\,[\Omega]$

(2) 따라서, 전류의 최대값은,

- $I_m = \dfrac{V_m}{|Z|} = \dfrac{100\sqrt{2}}{\sqrt{10^2 + 10^2}} = 10[A]$

[답] ③

03 병렬 회로

1) 저항과 인덕턴스의 병렬 회로

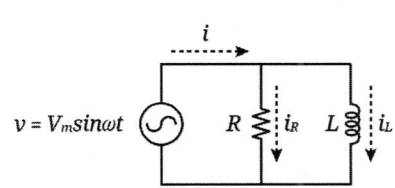

(1) 어드미턴스

- $\dot{Y} = \dfrac{1}{R} + \dfrac{1}{j\omega L}\,[\mho]$
  $= |Y| \angle -\theta\,[\mho]$

① 크기 :

$|Y| = \sqrt{\left(\dfrac{1}{R}\right)^2 + \left(\dfrac{1}{X_L}\right)^2}$

② 위상 : $\theta = \tan^{-1}\dfrac{R}{X_L}$

(2) 전류

- $i = Yv = |Y| \angle -\theta = |Y|V_m \sin(\omega t - \theta)$

(3) 위상

- 회로의 인가 전압에 비해서 전류의 위상이 θ 만큼 늦다.(지상 회로)

2) 저항과 커패시턴스의 병렬 회로

(1) 어드미턴스

- $\dot{Y} = \dfrac{1}{R} + j\omega C\,[\mho]$
  $= |Y| \angle \theta \,[\mho]$

① 크기 :
$$|Y| = \sqrt{\left(\dfrac{1}{R}\right)^2 + \left(\dfrac{1}{X_c}\right)^2}$$

② 위상 : $\theta = \tan^{-1}\dfrac{R}{X_c}$

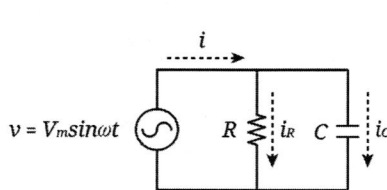

(2) 전류
- $i = Yv = |Y|V_m \sin(\omega t + \theta)$

(3) 위상
- 회로의 인가 전압에 비해서 전류의 위상이 θ 만큼 빠르다.(진상 회로)

예제 3

저항과 콘덴서를 병렬로 접속한 회로에 직류를 100[V]를 가하면 5[A]가 흐르고 교류 300[V]를 가하면 25[A]가 흐른다. 이때 용량 리액턴스[Ω]는?

① 7   ② 14   ③ 15   ④ 30

【해설】

(1) 직류를 가한 경우에는 $X_c = \dfrac{1}{\omega C} = \dfrac{1}{2\pi f C}$ 에서, $f=0$ 이므로 $X_c = \infty$ 로 되어 개방 상태가 된다. 따라서, 저항 만의 회로가 되므로 저항 값은,

- $R = \dfrac{V}{I} = \dfrac{100}{5} = 20\,[\Omega]$

(2) 교류를 흘렸을 때의 저항에 흐르는 전류 및 콘덴서에 흐르는 전류는,

- $I_R = \dfrac{V}{R} = \dfrac{300}{20} = 15[A]$, $I_c = \sqrt{I^2 - I_R^2} = \sqrt{25^2 - 15^2} = 20[A]$

(3) 따라서, 용량 리액턴스 값은,

- $X_c = \dfrac{V}{I_c} = \dfrac{300}{20} = 15[\Omega]$

[답] ③

04. R-X의 직렬 및 병렬 회로에서의 역률 및 무효율

1) 저항과 리액턴스의 직렬 회로

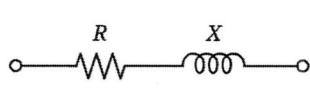
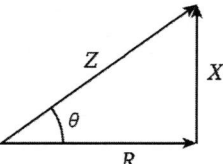

(1) 역률 : $\cos\theta = \dfrac{R}{|Z|} = \dfrac{R}{\sqrt{R^2+X^2}}$

(2) 무효율 : $\sin\theta = \dfrac{X}{|Z|} = \dfrac{X}{\sqrt{R^2+X^2}}$

2) 저항과 리액턴스의 병렬 회로

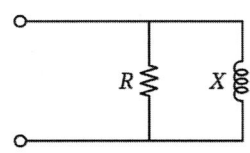
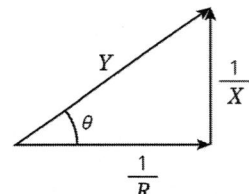

(1) 역률 : $\cos\theta = \dfrac{\frac{1}{R}}{|Y|} = \dfrac{\frac{1}{R}}{\sqrt{\left(\frac{1}{R}\right)^2+\left(\frac{1}{X}\right)^2}} = \dfrac{X}{\sqrt{R^2+X^2}}$

(2) 무효율 : $\sin\theta = \dfrac{\frac{1}{X}}{|Y|} = \dfrac{\frac{1}{X}}{\sqrt{\left(\frac{1}{R}\right)^2+\left(\frac{1}{X}\right)^2}} = \dfrac{R}{\sqrt{R^2+X^2}}$

예제 4

저항 30[Ω]과 유도 리액턴스 40[Ω]을 병렬로 접속하고 120[V]의 교류 전압을 가했을 때 회로의 역률값은?
① 0.6 ② 0.7 ③ 0.8 ④ 0.9

【해설】
역률 : $\cos\theta = \dfrac{X}{\sqrt{R^2+X^2}} = \dfrac{40}{\sqrt{30^2+40^2}} = 0.8$

[답] ③

05 R-L-C의 직렬 및 병렬 회로에서의 공진 현상

1) $R-L-C$ 직렬 회로

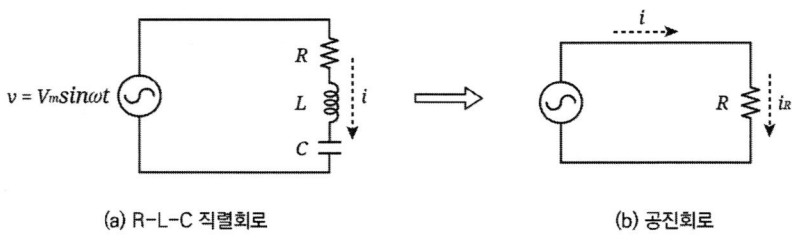

(a) R-L-C 직렬회로   (b) 공진회로

(1) 공진 조건
 ① 유도성 리액턴스(X_L)과 용량성 리액턴스(X_c)가 같아지는 조건, 즉
  $X_L = X_c \Rightarrow \ \cdot \omega L = \dfrac{1}{\omega C}$
 ② 공진 조건이 성립되면, 유도성(지상) 특성과 용량성(진상) 특성이 서로 상쇄되므로 결국 회로에 작용하는 성질은 저항 특성밖에 없게 된다.

(2) 공진 주파수
  공진이 발생할 때의 주파수로서 위의 공진에서,
  $\omega L = \dfrac{1}{\omega C} \Rightarrow 2\pi f L = \dfrac{1}{2\pi f C} \Rightarrow \ \cdot f = \dfrac{1}{2\pi \sqrt{LC}}\,[Hz]$

(3) 공진 전류
 ① $R-L-C$ 직렬 회로에 흐르는 전류는,
  $\cdot i = \dfrac{v}{|Z|} = \dfrac{V_m \sin \omega t}{\sqrt{R^2 + X^2}}\,[A]$
 ② 공진 회로에 흐르는 전류는,
  $\cdot i_0 = \dfrac{v}{R} = \dfrac{V_m \sin \omega t}{R}\,[A]$ 로서, $|Z| > R$의 관계에 의하여
  공진 시에 회로의 전류는 최대로 증대된다.

(4) 전압 확대비(선택도, 첨예도)
  $\cdot Q = \dfrac{V_L}{V} = \dfrac{V_c}{V} = \dfrac{1}{R}\sqrt{\dfrac{L}{C}}\,[배]$

> **예제 5**
>
> 직렬 공진 회로에서 최대가 되는 것은?
> ① 전류　　　② 저항　　　③ 리액턴스　　　④ 임피던스
>
> 【해설】
>
> 공진 시에 회로의 임피던스는 $Z = R + j(\omega L - \frac{1}{\omega C})$에서, $Z = R$로 감소하므로 전류는 최대가 된다.
>
> [답] ①

2) $R-L-C$ 병렬 회로

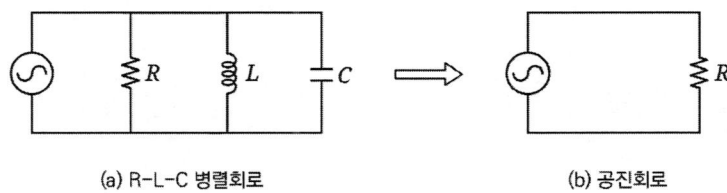

(a) R-L-C 병렬회로　　　　(b) 공진회로

(1) 공진 조건

① 유도성 리액턴스(X_L)과 용량성 리액턴스(X_c)가 같아지는 조건, 즉

$$X_L = X_c \quad \Rightarrow \quad \bullet \ \omega L = \frac{1}{\omega C}$$

② 공진 조건이 성립되면, 유도성(지상) 특성과 용량성(진상) 특성이 서로 상쇄되므로 결국 회로에 작용하는 성질은 저항 특성 밖에 없게 된다.

(2) 공진 주파수

공진이 발생할 때의 주파수로서 위의 공진에서,

$$\omega L = \frac{1}{\omega C} \quad \Rightarrow \quad 2\pi f L = \frac{1}{2\pi f C} \quad \Rightarrow \quad \bullet \ f = \frac{1}{2\pi\sqrt{LC}} [\text{Hz}]$$

(3) 공진 전류

① $R-L-C$ 직렬 회로에 흐르는 전류는,
- $i = Yv = \dfrac{1}{R} + j\left(\omega L - \dfrac{1}{\omega C}\right) V_m \sin\omega t \,[\mathrm{A}]$

② 공진 회로에 흐르는 전류는,
- $i_0 = Yv = \dfrac{1}{R}\sin\omega t \,[\mathrm{A}]$로서, $|Y| > \dfrac{1}{R}$의 관계에 의하여 공진 시에 회로의 전류는 최소로 감소한다.

(4) 전류 확대비(선택도, 첨예도)
- $Q = \dfrac{I_L}{I} = \dfrac{I_c}{I} = R\sqrt{\dfrac{C}{L}}\,[배]$

예제 6

그림과 같이 주파수 $f[\mathrm{Hz}]$인 교류 회로에 있어서 전류 I와 I_R이 같은 값으로 되는 조건은? 단, R은 저항$[\Omega]$, C는 정전용량 $[\mathrm{F}]$, L은 인덕턴스$[\mathrm{H}]$로 된다.

① $f = \dfrac{1}{\sqrt{LC}}$

② $f = \dfrac{2\pi}{\sqrt{LC}}$

③ $f = \dfrac{1}{2\pi\sqrt{LC}}$

④ $f = 2\pi(LC)^2$

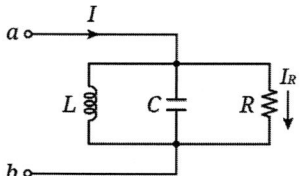

【해설】
회로 전체에 흐르는 전류 I와 저항에 흐르는 전류 I_R이 같다는 것은 회로에서 L과 C가 병렬 공진되어서 서로 상쇄된다는 의미이므로 이때의 공진 주파수는,
$f = \dfrac{1}{2\pi\sqrt{LC}}[\mathrm{Hz}]$

[답] ③

Chapter 04. 교류 기본 회로
적중실전문제

1. 0.1[H]인 코일의 리액턴스가 377[Ω]일 때 주파수[Hz]는?

① 60 ② 120 ③ 360 ④ 600

해설 1

유도성 리액턴스 $X_L = 2\pi f L$ 에서, $f = \dfrac{X_L}{2\pi L} = \dfrac{377}{2\pi \times 0.1} = 600[\text{Hz}]$

[답] ④

2. 자기 인덕턴스 0.1[H]인 코일에 실효값 100[V], 60[Hz] 위상각 0인 전압을 가했을 때 흐르는 전류의 실효값[A]은?

① 1.25 ② 2.24 ③ 2.65 ④ 3.41

해설 2

(1) 유도 리액턴스는, $X_L = 2\pi f L = 2\pi \times 60 \times 0.1 = 37.7[\Omega]$

(2) 따라서, 리액턴스에 흐르는 전류는, $I_L = \dfrac{V}{X_L} = \dfrac{100}{37.7} = 2.65[\text{A}]$

[답] ③

3. 60[Hz]에서 3[Ω]의 리액턴스를 갖는 자기 인덕턴스 및 정전 용량 값을 구하면?

① 6[mH], 660[μF] ② 7[mH], 770[μF]
③ 8[mH], 880[μF] ④ 9[mH], 990[μF]

해설 3

① $X_L = \omega L = 2\pi f L = 3[\Omega]$

⇒ • $L = \dfrac{X_L}{2\pi f} = \dfrac{3}{2\pi \times 60} = 8 \times 10^{-3}[\text{H}] = 8[\text{mH}]$

② $X_c = \dfrac{1}{\omega C} = \dfrac{1}{2\pi f C} = 3[\Omega]$

⇒ • $C = \dfrac{1}{2\pi f X_c} = \dfrac{1}{2\pi \times 60 \times 3} = 880 \times 10^{-6}[\text{F}] = 880[\mu\text{F}]$

[답] ③

4. 정전 용량 C만의 회로에 100[V], 60[Hz]의 교류를 가하니 60[mA]의 전류가 흐른다. C는 얼마인가?

① $5.26[\mu F]$ ② $4.32[\mu F]$ ③ $3.59[\mu F]$ ④ $1.59[\mu F]$

해설 4

(1) 용량 리액턴스 값은, $X_c = \dfrac{V}{I} = \dfrac{100}{60 \times 10^{-3}} = 1,670[\Omega]$

(2) 따라서, 정전 용량 C의 값은,

$X_c = \dfrac{1}{2\pi f C} \Rightarrow \cdot C = \dfrac{1}{2\pi f X_c} = \dfrac{1}{2\pi \times 60 \times 1,670} = 1.59 \times 10^{-6}[F] = 1.59[\mu F]$

[답] ④

5. $0.1[\mu F]$인 정전 용량을 가지는 콘덴서에 실효값 1414[V], 주파수 1[kHz], 위상각 0인 전압을 가했을 때 순시값 전류는 약 얼마인가?

① $0.89\sin(\omega t + 90°)$ ② $0.89\sin(\omega t - 90°)$
③ $1.26\sin(\omega t + 90°)$ ④ $1.26\sin(\omega t - 90°)$

해설 5

(1) 임피던스 값 및 회로에 흐르는 실효값 전류는,

$\cdot Z = \dfrac{1}{j\omega C} = -j\dfrac{1}{2\pi \times 1000 \times 0.1 \times 10^{-6}} = 1,592 \angle -90°[\Omega]$

$\cdot I = \dfrac{V}{Z} = \dfrac{1,414}{1,592 \angle -90°} = 0.89 \angle 90°[A]$

(2) 따라서, 순시값 전류는,

$\cdot i = I_m \sin(\omega t \pm \theta) = 0.89\sqrt{2}\sin(\omega t + 90°) = 1.26\sin(\omega t + 90°)[A]$

[답] ③

6. 3[μF]인 커패시턴스는 50[Ω]의 용량 리액턴스로 사용하면 주파수는 몇 [Hz]인가?

① 2.06×10^3 ② 1.06×10^3
③ 3.06×10^3 ④ 4.06×10^3

해설 6

$X_c = \dfrac{1}{2\pi fC} \Rightarrow \cdot f = \dfrac{1}{2\pi C \times X_c} = \dfrac{1}{2\pi \times 3 \times 10^{-6} \times 50} = 1.06 \times 10^3 [\text{Hz}]$

[답] ②

7. 저항 10[Ω], 인덕턴스 10[mH]인 인덕턴스에 실효값 100[V]인 정현파 전압을 인가했을 때 흐르는 전류의 최대값[A]은? (단, 정현파의 각 주파수는 1000[rad/s]이다.)

① 5   ② $5\sqrt{2}$ ③ 10   ④ $10\sqrt{2}$

해설 7

(1) 임피던스 값은,
 $\cdot Z = R + j\omega L = 10 + j1{,}000 \times 10 \times 10^{-3} = 10 + j10 [\Omega]$

(2) 따라서, 전류의 최대값은,
 $\cdot I_m = \dfrac{V_m}{|Z|} = \dfrac{100\sqrt{2}}{\sqrt{10^2 + 10^2}} = 10[\text{A}]$

[답] ③

8. 어떤 회로의 전압 및 전류가 $E = 10\angle 60°[V]$, $I = 5\angle 30°[A]$일 때 이 회로의 임피던스 Z[Ω]는?

① $\sqrt{3} + j$ ② $\sqrt{3} - j$ ③ $1 + j\sqrt{3}$ ④ $1 - j\sqrt{3}$

해설 8

$Z = \dfrac{E}{I} = \dfrac{10\angle 60°}{5\angle 30°} = 2\angle 30° = 2(\cos 30° + j\sin 30°) = \sqrt{3} + j1 [\Omega]$

[답] ①

9. $R-L$ 직렬 회로에 $v = 100\sin(120\pi t)[V]$를 가하여 $i = 2\sin(120\pi t - 45°)[A]$의 전류가 흐르도록 하려면 저항 $R[\Omega]$의 값은?

① 50　　② $\dfrac{50}{\sqrt{2}}$　　③ $50\sqrt{2}$　　④ 100

해설 9

$Z = \dfrac{V_m}{I_m} = \dfrac{100\angle 0°}{2\angle -45°} = 50\angle 45° = 50(\cos 45° + j\sin 45°) = \dfrac{50}{\sqrt{2}} + j\dfrac{50}{\sqrt{2}}$ 에서,

$Z = R + jX$ 이므로, $R = \dfrac{50}{\sqrt{2}}[\Omega]$ 이다.

[답] ②

10. 저항 R와 리액턴스 X의 직렬 회로에서 $\dfrac{X}{R} = \dfrac{1}{\sqrt{2}}$ 일 경우 회로의 역률은?

① $\dfrac{1}{2}$　　② $\dfrac{1}{\sqrt{3}}$　　③ $\dfrac{\sqrt{2}}{\sqrt{3}}$　　④ $\dfrac{\sqrt{3}}{2}$

해설 10

$R = \sqrt{2}, X = 1$ 이므로, $R-X$ 직렬 회로의 역률 공식에 대입하여,

$\cos\theta = \dfrac{R}{\sqrt{R^2 + X^2}} = \dfrac{\sqrt{2}}{\sqrt{(\sqrt{2})^2 + 1^2}} = \dfrac{\sqrt{2}}{\sqrt{3}}$

[답] ③

11. 그림과 같은 회로에서 E_1과 E_2가 각각 100[V]이면서 60°의 위상차가 있다. 유도 리액턴스의 단자 전압[V]은? (단, $R = 10[\Omega]$, $X_L = 30[\Omega]$이다.)

① 164
② 174
③ 200
④ 150

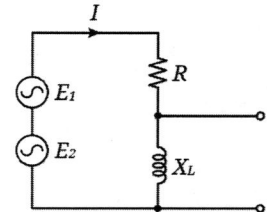

해설 11

(1) 문제 조건에서 전압 E_1과 E_2가 각각 100[V]이면서 60°의 위상차가 있다고 하였으므로 두 전압을 직렬 합성하면,
- $E_1 + E_2 = 100 + 100\angle 60° = 100 + 100(\cos 60° + j\sin 60°) = 150 + j86.6$[V]

(2) 따라서, X_L에 대하여 전압 분배의 법칙을 적용하여 양 단자의 전압을 구하면,
- $V_L = \dfrac{j30}{10 + j30} \times (150 + j86.6) = 109 + j123$[V]

∴ $|V_L| = \sqrt{109^2 + 123^2} = 164$[V]

[답] ①

12. 그림과 같은 회로의 출력 전압의 위상은 입력 전압의 위상에 비해 어떻게 되는가?

① 앞선다.
② 뒤진다.
③ 같다.
④ 앞설 수도 있고 뒤질 수도 있다.

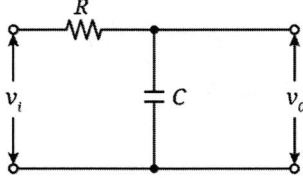

해설 12

콘덴서에 흐르는 진상 전류가 출력 측을 지나서 다시 입력 측으로 흐르게 되므로 출력 전압의 위상은 입력 전압의 위상에 비해서 뒤지게 된다.

[답] ②

13. 저항 4[Ω]과 인덕턴스 L의 코일에 100[V], 60[Hz]의 교류를 가하니 20[A]의 전류가 흘렀다. L[mH]은?

① 약 2.7 ② 약 5.3 ③ 약 6.6 ④ 약 8.0

해설 13

- $Z = \dfrac{V}{I} = \dfrac{100}{20} = 5[\Omega] = 4 + jX_L \Rightarrow \therefore X_L = \sqrt{5^2 - 4^2} = 3[\Omega]$

- $X_L = 2\pi f L \Rightarrow \therefore L = \dfrac{X_L}{2\pi f} = \dfrac{3}{2\pi \times 60} = 8 \times 10^3 [H] = 8[mH]$

[답] ④

14. 100[V], 50[Hz]의 교류 전압을 저항 100[Ω], 커패시턴스 10[μF]의 직렬 회로에 가할 때 역률은?

① 0.25 ② 0.27 ③ 0.3 ④ 0.35

해설 14

- $X_c = \dfrac{1}{\omega C} = \dfrac{1}{2\pi \times 50 \times 10 \times 10^{-6}} = 318[\Omega]$

- $\cos\theta = \dfrac{R}{\sqrt{R^2 + X^2}} = \dfrac{100}{\sqrt{100^2 + 318^2}} = 0.3$

[답] ③

15. $R = 50[\Omega]$, $L = 200[mH]$의 직렬 회로에 주파수 $f = 50[Hz]$의 교류에 대한 역률[%]은?

① 약 52.3 ② 약 82.3 ③ 약 62.3 ④ 약 72.3

해설 15

- $X_L = 2\pi f L = 2\pi \times 50 \times 200 \times 10^{-3} = 63[\Omega]$

- $\cos\theta = \dfrac{R}{\sqrt{R^2 + X^2}} = \dfrac{50}{\sqrt{50^2 + 63^2}} = 0.623 \;(\therefore 62.3[\%])$

[답] ③

16. 저항 30[Ω]과 유도 리액턴스 40[Ω]을 병렬로 접속하고 120[V]의 교류 전압을 가했을 때 회로의 역률 값은?

① 0.6　　　② 0.7　　　③ 0.8　　　④ 0.9

해설 16

(1) 저항과 리액턴스 회로에서의 역률 구하는 공식은,

- $R-X$ 직렬 회로 : $\cos\theta = \dfrac{R}{\sqrt{R^2+X^2}}$,

- $R-X$ 병렬 회로 : $\cos\theta = \dfrac{X}{\sqrt{R^2+X^2}}$

(2) 따라서, $R-X$ 병렬 회로이므로 역률은,

- $\cos\theta = \dfrac{X}{\sqrt{R^2+X^2}} = \dfrac{40}{\sqrt{30^2+40^2}} = 0.8$

[답] ③

17. 저항과 콘덴서를 병렬로 접속한 회로에 직류를 100[V]를 가하면 5[A]가 흐르고 교류 300[V]를 가하면 25[A]가 흐른다. 이때 용량 리액턴스[Ω]는?

① 7　　　② 14　　　③ 15　　　④ 30

해설 17

(1) 직류 100[V]를 가한 경우 : (R만의 회로)

- $X_c = \dfrac{1}{2\pi fC}\big|_{f=0} = \infty$(개방) $\Rightarrow$ $\therefore R = \dfrac{V}{I} = \dfrac{100}{5} = 20[\Omega]$

(2) 교류 300[V]를 가한 경우 : ($R-X$ 병렬 회로)

- $I_R = \dfrac{V}{R} = \dfrac{300}{20} = 15[A]$ $\Rightarrow$ $\therefore I_c = \sqrt{25^2-15^2} = 20[A]$

- $X_c = \dfrac{V}{I_c} = \dfrac{300}{20} = 15[\Omega]$

[답] ③

18. $R=100[\Omega]$, $C=30[\mu F]$의 직렬 회로에 $f=60[Hz]$, $V=100[V]$의 교류 전압을 가할 때 전류[A]는?

① 0.45　　② 0.56　　③ 0.75　　④ 0.96

해설 18

- $X_c = \dfrac{1}{\omega C} = \dfrac{1}{2\pi \times 60 \times 30 \times 10^{-6}} = 88.4[\Omega]$

- $I = \dfrac{V}{Z} = \dfrac{100}{\sqrt{100^2 + 88.4^2}} = 0.75[A]$

[답] ③

19. $e_s(t) = 3e^{-5t}$인 경우 그림과 같은 회로의 임피던스는?

① $\dfrac{j\omega RC}{1+j\omega RC}$　　② $\dfrac{1}{1+RCs}$

③ $\dfrac{R}{1-5RC}$　　④ $\dfrac{1+j\omega RC}{R}$

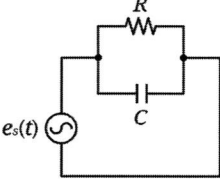

해설 19

(1) 문제의 회로는 $R-C$ 병렬 회로이므로, 병렬 합성 임피던스를 구하면,

- $Z = \dfrac{R \times \dfrac{1}{j\omega C}}{R + \dfrac{1}{j\omega C}} = \dfrac{R}{1+j\omega RC}$

(2) 또한, 문제의 조건에서 $e_s(t) = 3e^{-5t} = 3e^{j\omega t}$이므로,

- $Z = \dfrac{R}{1+j\omega RC} = \dfrac{R}{1-5RC}$

[답] ③

20. 이 회로의 총 어드미턴스 값은 몇 [℧]인가?

① $\dfrac{1}{R}(1+j\omega CR)$
② $j\dfrac{R}{\omega CR-1}$
③ $R-j\dfrac{1}{\omega C}$
④ $\dfrac{1}{R}-j\dfrac{1}{\omega C}$

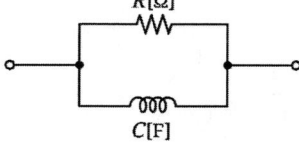

해설 20

- $Y = Y_1 + Y_2 = \dfrac{1}{R} + \dfrac{1}{\frac{1}{j\omega C}} = \dfrac{1}{R} + j\omega C = \dfrac{1}{R}(1+j\omega CR)$

답] ①

21. 그림과 같은 회로에서 출력 전압의 위상은 입력 전압보다 어떠한가?

① 뒤진다.
② 앞선다.
③ 전압과 관계없다.
④ 같다.

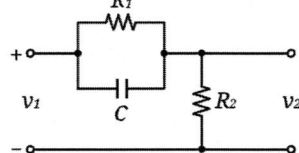

해설 21

콘덴서에서 발생한 진상 전류가 출력 측에 흐르므로 출력 전압은 입력 전압보다 위상이 앞선다.

[답] ②

22. 회로에서 단자 a, b 사이에 교류 전압 200[V]를 가하였을 때 c, d 사이의 전위차는 몇 [V]인가?

① 46
② 96
③ 56
④ 76

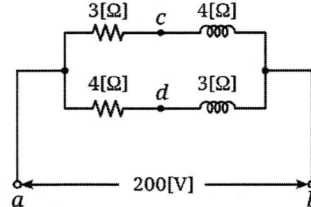

해설 22

(1) b 단자를 기준 전압 0[V]로 하여 c 점과 d 점의 전압을 전압 분배의 법칙을 적용하여 각각 구하면,

- $V_c = \dfrac{j4}{3+j4} \times 200 = 128 + j96\,[V]$,   - $V_d = \dfrac{j3}{4+j3} \times 200 = 72 + j96\,[V]$

(2) 따라서, c 점과 d 점의 전위차는,

- $V_{cd} = V_c - V_d = (128+j96) - (72+j96) = 56\,[V]$

[답] ③

23. 그림과 같은 회로에서 전원에 흘러 들어오는 전류 $I[A]$는?

① 7
② 10
③ 13
④ 17

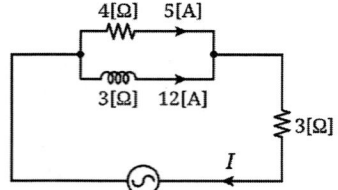

해설 23

회로 전체에 흐르는 전류는 저항과 유도성 리액턴스 각각에 흐르는 전류의 벡터 합이므로,   - $I = \sqrt{I_R^2 + I_L^2} = \sqrt{5^2 + 12^2} = 13[A]$

[답] ③

24. $R=10[\text{k}\Omega]$, $L=10[\text{mH}]$, $C=1[\mu\text{F}]$의 직렬 회로에 $|E|=100[\text{V}]$인 전압을 가하면 그 주파수를 변화 시켰을 때 최대 전류[mA]는?

① $\dfrac{1}{100}$ ② $\dfrac{1}{10}$ ③ 100   ④ 10

해설 24

$R-L-C$ 직렬 회로에서 전류가 최대가 된다는 것은 공진일 경우로서, 저항만의 회로가 되므로,

- $I = \dfrac{V}{R} = \dfrac{100}{10 \times 10^3} = 10 \times 10^{-3}[A] = 10[\text{mA}]$

[답] ④

25. 어떤 $R-L-C$ 병렬 회로가 병렬 공진 되었을 때 합성 전류는?

① 최소가 된다.   ② 최대가 된다.
③ 전류는 흐르지 않는다.   ④ 전류는 무한대가 된다.

해설 25

$R-L-C$ 병렬 회로의 전류 $I = YV = \left(\dfrac{1}{R} + j\omega L - j\dfrac{1}{\omega C}\right)V$ 에서,

병렬 공진 $\left(\omega L = \dfrac{1}{\omega C}\right)$이 되면, 어드미턴스 $Y_0 = \dfrac{1}{R}$ 이 되므로 전류는 최소가 된다.

[답] ①

26. 공진 회로의 Q가 갖는 물리적 의미와 관계없는 것은?
① 공진 회로의 저항에 대한 리액턴스의 비
② 공진 곡선의 첨예도
③ 공진시의 전압 확대비
④ 공진 회로에서 에너지 소비 능률

해설 26

공진 현상이 발생하면, 직렬 회로에서는 전압 확대가 일어나고, 병렬 회로에서는 전류 확대가 일어난다. 또한 이러한 전압 확대 및 전류 확대 곡선을 첨예도 곡선이라고 하며, 이를 수식으로 표현하면,

- $Q = \dfrac{V_L}{V} = \dfrac{I \times X_L}{I \times R} = \dfrac{V_c}{V} = \dfrac{I \times X_c}{I \times R} = \dfrac{1}{R}\sqrt{\dfrac{L}{C}}$

[답] ④

27. $R-L-C$ 직렬 회로에서 전원 전압을 V라 하고 L 및 C에 걸리는 전압을 각각 V_L 및 V_c라 하면 선택도 Q를 나타내는 것은 어느 것인가?
(단, 공진 주파수는 ω_r이다.)

① $\dfrac{CL}{R}$ ② $\dfrac{\omega_r R}{L}$ ③ $\dfrac{V_L}{V}$ ④ $\dfrac{V}{V_c}$

해설 27

- $Q = \dfrac{V_L}{V} = \dfrac{I \times X_L}{I \times R} = \dfrac{V_c}{V} = \dfrac{I \times X_c}{I \times R} = \dfrac{1}{R}\sqrt{\dfrac{L}{C}}$

[답] ③

28. 그림과 같은 $R-L-C$ 병렬 공진 회로에 관한 설명 중 옳지 않은 것은?

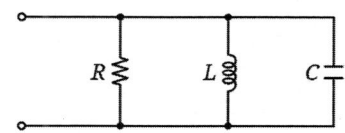

① R이 작을수록 Q가 높다.
② 공진 시 L 또는 C를 흐르는 전류는 입력 전류 크기의 Q배가 된다.
③ 공진 주파수 이하에서의 입력 전류는 전압보다 위상이 뒤진다.
④ 공진 시 입력 어드미턴스는 매우 작아진다.

해설 28

$R-L-C$ 병렬 공진 회로에서의 선택도 $Q=R\sqrt{\dfrac{C}{L}}$ 에서, 저항 R이 작을수록 선택도 Q는 비례해서 작아진다.

[답] ①

29. $R=5[\Omega]$, $L=20[\text{mH}]$ 및 가변 용량 C로 구성된 $R-L-C$ 직렬 회로에 주파수 $1,000[\text{Hz}]$인 교류를 가한 다음, C를 가변하여 직렬 공진시켰다. $C_r[\mu\text{F}]$의 값과 선택도 Q는?

① $C_r=2.277[\mu\text{F}]$, $Q=2.512$
② $C_r=1.268[\mu\text{F}]$, $Q=2.512$
③ $C_r=2.277[\mu\text{F}]$, $Q=25.12$
④ $C_r=1.268[\mu\text{F}]$, $Q=25.12$

해설 29

- $\omega L = \dfrac{1}{\omega C} \Rightarrow \therefore C = \dfrac{1}{\omega^2 L} = \dfrac{1}{(2\pi \times 1,000)^2 \times 20 \times 10^{-3}} = 1.268[\mu\text{F}]$
- $Q = \dfrac{1}{R}\sqrt{\dfrac{L}{C}} = \dfrac{1}{5}\sqrt{\dfrac{20 \times 10^{-3}}{1.268 \times 10^{-6}}} = 25.12$

[답] ④

30. $R = 100[\Omega]$, $L = \dfrac{1}{\pi}[H]$, $C = \dfrac{100}{4\pi}[pF]$ 이다. 직렬 공진회로의 Q는 얼마인가?

① 2×10^3 ② 2×10^4 ③ 3×10^3 ④ 3×10^4

해설 30

- $Q = \dfrac{1}{R}\sqrt{\dfrac{L}{C}} = \dfrac{1}{100}\sqrt{\dfrac{\dfrac{1}{\pi}}{\dfrac{100}{4\pi} \times 10^{-12}}} = 2{,}000$

[답] ①

31. $R-L-C$ 직렬 회로에서 L 및 C의 값은 고정시켜 놓고 저항 R의 값만 큰 값으로 변화 시킬 때 옳게 설명한 것은?
① 공진 주파수는 커진다.
② 공진 주파수는 작아진다.
③ 공진 주파수는 변화하지 않는다.
④ 이 회로의 Q는 커진다.

해설 31

(1) $Q = \dfrac{1}{R}\sqrt{\dfrac{L}{C}}$ 에서, L과 C는 고정시킨다고 하였으므로 L과 C는 일정한 상태에서, 저항 R의 값을 증가시키면 결국 Q는 작아진다.

(2) 공진 주파수는 $f = \dfrac{1}{2\pi\sqrt{LC}}$ 에서 L과 C는 일정하므로 공진 주파수는 변함이 없다.

[답] ③

32. 그림과 같은 회로에서 전류 I는 몇 [A]인가?
 (단, $R = 10[\Omega]$, $X_L = 10[\Omega]$, $X_c = 10[\Omega]$, $E = 100[V]$ 이다.)

① 30
② 20
③ 10
④ 1

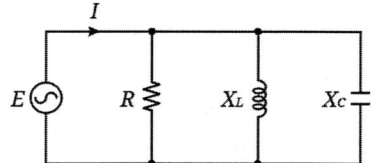

해설 32

$X_L = X_c$ 이므로 병렬 공진 상태로서 결국 저항에만 전류가 흐르므로,

- $I = \dfrac{V}{R} = \dfrac{100}{10} = 10[A]$

[답] ③

MEMO

Chapter 05

유도 결합 회로

01. 인덕턴스의 종류

02. 인덕턴스의 직렬 접속

03. 인덕턴스의 병렬 접속

04. 결합 계수

05. 유도 전압

- 적중실전문제

Chapter 05 유도 결합 회로

01 인덕턴스의 종류

1) 자기 인덕턴스 $L[H]$

어느 한 단독 회로에 전류 $I[A]$를 흘릴 경우 암페어의 오른손 법칙에 의해서 발생하는 자속 $\varnothing[Wb]$와의 관계를 나타내는 비례 상수

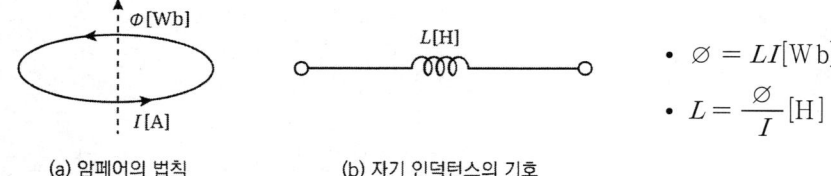

(a) 암페어의 법칙　　(b) 자기 인덕턴스의 기호

- $\varnothing = LI[Wb]$
- $L = \dfrac{\varnothing}{I}[H]$

2) 상호 인덕턴스 $M[H]$

두 개 이상의 회로에서 어느 한 회로에 전류 $I[A]$를 흘릴 경우 다른 회로에서 쇄교하는 $\varnothing[Wb]$와의 관계를 나타내는 비례 상수

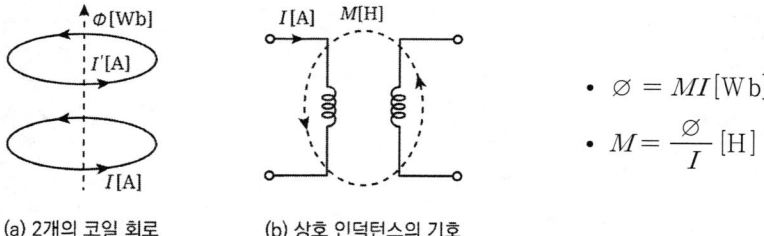

(a) 2개의 코일 회로　　(b) 상호 인덕턴스의 기호

- $\varnothing = MI[Wb]$
- $M = \dfrac{\varnothing}{I}[H]$

02 인덕턴스의 직렬 접속

1) 가극성(가동) 결합
   (1) 두 개의 코일을 같은 방향으로 직렬 접속한 회로
   (2) 이 때 코일의 감는 방향을 보통 점(•)으로 표시한다.

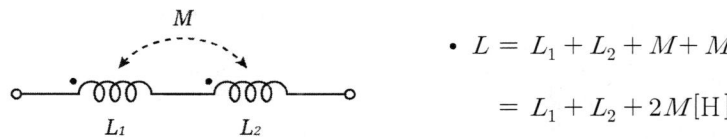

- $L = L_1 + L_2 + M + M$
  $= L_1 + L_2 + 2M [\text{H}]$

2) 감극성(차동) 결합
   두 개의 코일을 반대 방향으로 직렬 접속한 회로

- $L = L_1 + L_2 - M - M$
  $= L_1 + L_2 - 2M [\text{H}]$

예제 1

인덕턴스가 각각 5[H], 3[H]인 두 코일을 직렬로 연결하고 인덕턴스를 측정하였더니 15[H]였다. 두 코일 간의 상호 인덕턴스[H]는?
① 1　　　　② 3　　　　③ 3.5　　　　④ 7

【해설】
문제의 조건에서 2개의 코일이 가극성 접속인지 감극성인지 직접 알려주지는 않았으나, 각각의 인덕턴스 값이 $L_1 = 5[\text{H}]$, $L_2 = 3[\text{H}]$로 주어지고 측정한 합성 인덕턴스 값이 이들보다 큰 $L = 15[\text{H}]$이므로 가극성 접속임을 알 수 있다. 따라서,

$L = L_1 + L_2 + 2M \Rightarrow$ • $M = \dfrac{1}{2}(L - L_1 - L_2) = \dfrac{1}{2}(15 - 5 - 3) = 3.5[\text{H}]$

[답] ③

03 인덕턴스의 병렬 접속

1) 인덕턴스의 병렬 접속에도 가극성 접속법과 감극성 접속법이 있다.

2) 병렬 접속의 합성 인덕턴스 값은 저항의 병렬 합성 계산법과 거의 동일하게 계산한다.

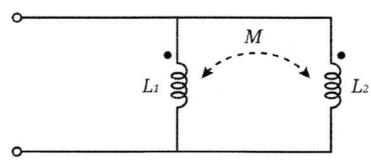 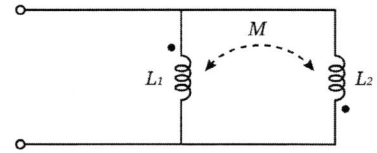

(a) 2개 코일의 가극성 병렬 접속　　　　　(b) 2개 코일의 감극성 병렬 접속

- $L = \dfrac{L_1 L_2 - M^2}{L_1 + L_2 - 2M}$ [H]　　　　　- $L = \dfrac{L_1 L_2 - M^2}{L_1 + L_2 + 2M}$ [H]

예제 2

그림과 같은 회로의 합성 인덕턴스를 구하면?
(단, $L_1 = 5$[H], $L_2 = 3$[H], $M = 2$[H]이다.)

① 2.75
② 3.75
③ 0.23
④ 0.5

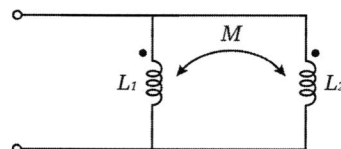

【해설】
$L = \dfrac{L_1 L_2 - M^2}{L_1 + L_2 - 2M} = \dfrac{5 \times 3 - 2^2}{5 + 3 - 2 \times 2} = 2.75$ [H]

[답] ①

04 결합 계수

1) 결합 계수의 정의
   (1) 두 코일 간의 자속에 의한 유도 결합 정도를 나타내는 계수를 의미한다.
   (2) 즉, 서로 직접 연결되지 않은 두 코일 간을 자속이 어느 정도로 간접적으로 연결시키는 가를 나타내는 정도를 말한다.

2) 결합 계수 공식 및 결합 계수의 범위

$$K = \frac{M}{\sqrt{L_1 L_2}} \quad (0 \leq K \leq 1)$$

   (1) $K=0$: 무 결합 (두 코일 간의 쇄교 자속이 전혀 없는 상태)
   (2) $K=1$: 완전 결합 (누설 자속이 전혀 없이 자속이 전부 쇄교되는 상태)

예제 3

인덕턴스 L_1, L_2가 각각 3[mH], 6[mH]인 두 코일 간의 상호 인덕턴스 M이 4[mH]라고 하면 결합 계수 k는?
① 약 0.94   ② 약 0.44   ③ 약 0.89   ④ 약 1.12

【해설】

$$k = \frac{M}{\sqrt{L_1 L_2}} = \frac{4}{\sqrt{3 \times 6}} = 0.94$$

[답] ①

05 유도 전압

1) 패러데이의 전자 유도 법칙
(1) 어느 코일에 전류가 흐르면, 반드시 암페어의 법칙에 의하여 자속이 발생하고, 이 자속에 의하여 인덕턴스 회로에는 유기 기전력이 유도된다.

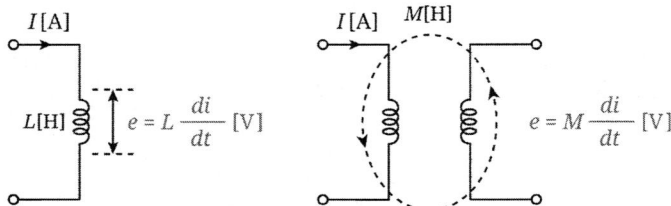

(2) 이 유도되는 기전력은 자기 인덕턴스 및 상호 인덕턴스 회로 모두에 발생한다.

2) 유도 작용을 이용한 전력기기
유도 작용을 이용한 대표적인 전력기기가 아래와 같은 변압기가 대표적이다.

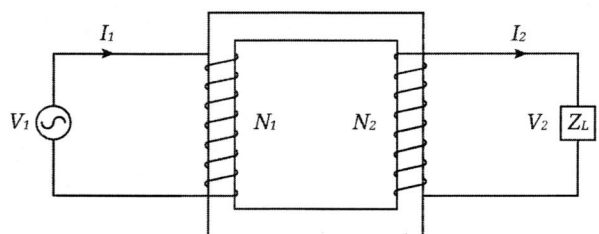

예제 4

상호 인덕턴스 100[mH]인 회로의 1차 코일에 3[A]의 전류가 0.3초 동안에 18[A]로 변화할 때 2차 유도 기전력[V]은?
① 5　　　　② 6　　　　③ 7　　　　④ 8

【해설】
$e = M\dfrac{di}{dt} = 100 \times 10^{-3} \times \dfrac{18-3}{0.3} = 5[V]$

[답] ①

Chapter 05. 유도 결합 회로
적중실전문제

1. 그림과 같은 회로에서 $i_1 = I_m \sin\omega t$ 일 때 개방된 2차 단자에 나타나는 유기 기전력 e_2는 몇 [V]인가?

① $\omega M \sin\omega t$
② $\omega M \cos\omega t$
③ $\omega M I_m \sin(\omega t - 90°)$
④ $\omega M I_m \sin(\omega t + 90°)$

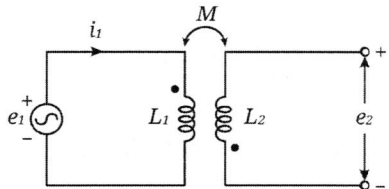

해설 1

$e = -M\dfrac{di}{dt} = -M\dfrac{d}{dt}(I_m \sin\omega t)$
$= -MI_m \omega \cos\omega t = -MI_m \omega \sin(\omega t + 90°) = MI_m \omega \sin(\omega t - 90°)$

(참고) $e = M\dfrac{di}{dt}$ 의 식에서 (-) 부호가 붙은 이유는 문제의 회로에서 1차 측에 인가한 전류 방향과 2차 측에 흐르는 전류의 방향이 반대가 되어 2차 측에 유도되는 기전력은 1차 측에 가한 전압과는 항상 반대 극성으로 발생하기 때문이다.

[답] ③

2. 코일이 2개 있다. 한 코일의 전류가 매초 150[A]일 때 다른 코일에는 75[V]의 기전력이 유기된다. 이때 두 코일의 상호 인덕턴스는?

① 1[H] ② $\dfrac{1}{2}$[H] ③ $\dfrac{1}{4}$[H] ④ 0.75[H]

해설 2

$e = M\dfrac{di}{dt}$ ⇒ • $M = e\dfrac{dt}{di} = 75 \times \dfrac{1}{150} = \dfrac{1}{2}$[H]

[답] ②

3. 그림과 같은 회로에서 a, b 간의 합성 인덕턴스 L_0의 값은?

① $L_1 + L_2 + L$
② $L_1 + L_2 - 2M + L$
③ $L_1 + L_2 + 2M + L$
④ $L_1 + L_2 - M + L$

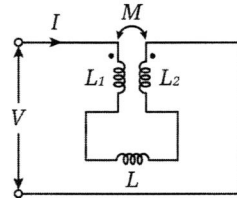

해설 3

문제에 주어진 회로는 직렬 접속의 감극성이므로, $L_0 = L_1 + L_2 - 2M + L$ [H]

[답] ②

4. 20[mH]의 두 자기 인덕턴스가 있다. 결합 계수를 0.1부터 0.9까지 변화시킬 수 있다면 이것을 접속시켜 얻을 수 있는 합성 인덕턴스의 최대값과 최소값의 비는?

① 9 : 1 ② 19 : 1 ③ 13 : 1 ④ 16 : 1

해설 4

(1) 두 개의 인덕턴스의 직렬 합성 공식과 결합 계수는 각각,
- $L = L_1 + L_2 + 2M$
- $L = L_1 + L_2 - 2M$
- $K = \dfrac{M}{\sqrt{L_1 L_2}}$

(2) 따라서, 위 두 식에 의하여,
- $L = L_1 + L_2 + 2M = L_1 + L_2 + 2K\sqrt{L_1 L_2} = 20 + 20 + 2 \times 0.9\sqrt{20 \times 20} = 76$[mH]
- $L = L_1 + L_2 - 2M = L_1 + L2 - 2K\sqrt{L_1 L_2} = 20 + 20 - 2 \times 0.9\sqrt{20 \times 20} = 4$[mH]

(최소값이나 최대값이나 결합 계수는 모두 0.9를 적용하여야 구할 수 있다.)

(3) 따라서, 최대값과 최소값의 비는,
- 76 : 4 ⇒ ∴ 19 : 1

[답] ②

5. 권수 200, 150회의 코일 A, B가 있다. A코일의 자속이 0.2[Wb]인데 이중 80[%]가 B 코일과 쇄교한다. A 코일의 전류가 4[A]라면 두 코일의 상호 인덕턴스[H]는?

① 8 ② 6 ③ 7 ④ 5

해설 5

(1) 우선, $N\varnothing = LI$의 식에 의하여 A 코일의 자기 인덕턴스를 구하면,

- $L_A = \dfrac{N_A \varnothing_A}{I_A} = \dfrac{200 \times 0.2}{4} = 10[H]$

(2) 따라서, 두 코일 간의 상호 인덕턴스는,

- $M = L_A \times K \times \dfrac{N_B}{N_A} = 10 \times 0.8 \times \dfrac{150}{200} = 6[H]$

[답] ②

---

6. 인덕턴스 L_1, L_2가 각각 3[mH], 6[mH]인 두 코일 간의 상호 인덕턴스 M이 4[mH]라고 하면 결합 계수 k는?

① 약 0.94 ② 약 0.44 ③ 약 0.89 ④ 약 1.12

해설 6

$k = \dfrac{M}{\sqrt{L_1 L_2}} = \dfrac{4}{\sqrt{3 \times 6}} = 0.94$

[답] ①

---

7. 그림과 같이 고주파 브리지를 가지고 상호 인덕턴스를 측정하고자 한다. 그림 (a)와 같이 접속하면 합성 자기 인덕턴스는 30[mH]이고, (b)와 같이 접속하면 14[mH]이다. 상호 인덕턴스[mH]는?

① 2
② 4
③ 3
④ 16

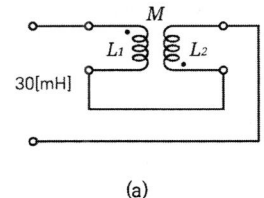
(a)

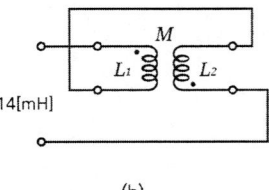
(b)

해설 7

(1) 문제에 주어진 각각의 회로에서,

    (a) 회로 (가극성) : $30 = L_1 + L_2 + 2M$ (b) 회로 (감극성) : $14 = L_1 + L_2 - 2M$

(2) 위 두 식을 빼서 상호 인덕턴스를 구하면,

    $16 = 4M \Rightarrow$ • $M = \dfrac{16}{4} = 4[mH]$

[답] ②

8. 그림과 같이 1개의 콘덴서와 2개의 코일이 직렬로 접속된 회로에 300[Hz]의 주파수가 공진한다고 한다. 콘덴서의 정전 용량 및 코일의 자기 인덕턴스를 각각 $C = 25[\mu F]$, $L_1 = 4.3[mH]$, $L_2 = 4.6[mH]$라고 하면 코일 간의 상호 인덕턴스 $M[mH]$은 얼마인가? (단, 코일은 같은 방향으로 감겨져 있고, 동일축 상에 놓여져 있는 것으로 한다.)

① 2.36
② 1.18
③ 1.91
④ 1.0

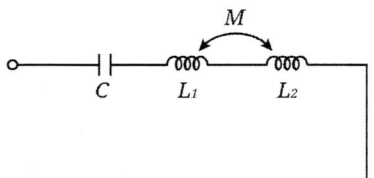

해설 8

(1) 문제에 주어진 조건에서 $L-C$ 직렬 공진 상태이고, 인덕턴스는 직렬 접속의 가극성이므로,

$$\omega L = \frac{1}{\omega C} \Rightarrow \quad \cdot \omega(L_1 + L_2 + 2M) = \frac{1}{\omega C}$$

(2) 따라서, 상호 인덕턴스를 구해보면,

$$M = \frac{1}{2}\left(\frac{1}{\omega^2 C} - L_1 - L_2\right) = \frac{1}{2}\left(\frac{1}{(2\pi \times 300)^2 \times 25 \times 10^{-6}} - 4.3 \times 10^{-3} - 4.6 \times 10^{-3}\right)$$

$$= 1.18 \times 10^{-3}[H] = 1.18[mH]$$

[답] ②

Chapter 06

교류 전력

01. 전력의 종류

02. 교류 전력의 역률 및 무효율

03. 복소 전력

04. 회로의 최대 전력 전달 조건

- 적중실전문제

Chapter 06 교류 전력

01 전력의 종류

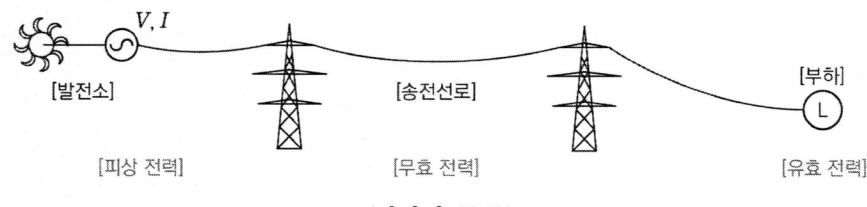

〈전력의 종류〉

1) 피상 전력
   (1) 발전소의 교류 발전기에서 공급하는 전기 에너지를 의미한다.
   (2) 피상 전력의 표시 기호 및 단위
      P_a 또는 W 라는 기호로 표시하고, 단위는 [VA]를 사용하고 [볼트-암페어]라 부른다.

2) 유효 전력(소비 전력, 평균 전력, 전력)
   (1) 부하(전기 사용 기기)에서 소비되는 전기 에너지를 의미한다.
   (2) 유효 전력의 표시 기호 및 단위
      P 라는 기호로 표시하고, 단위는 [W]를 사용하고 [와트]라 부른다.

3) 무효 전력
   (1) 발전소에서 생산된 피상 전력을 부하까지 수송하는 도중에 송전 선로에 저장되는 전기 에너지를 의미한다.
   (2) 무효 전력의 표시 기호 및 단위
      Q 또는 P_r 이라는 기호로 표시하고, 단위는 [Var]를 사용하고, [바]라 부른다.

4) 전력 계산 공식 정리

   (1) 피상전력 : $P_a = VI = I^2 Z = \dfrac{V^2}{Z}$ [VA]

   (2) 유효전력 : $P = VI\cos\theta = I^2 R = \dfrac{V^2}{R}$ [W]

   (3) 무효전력 : $Q = VI\sin\theta = I^2 X = \dfrac{V^2}{X}$ [Var]

   단, V, I : 실효값 전압 및 실효값 전류, θ : 전압과 전류 간의 위상차

예제 1

어떤 회로에 전압 v와 전류 i가 각각
$v = 100\sqrt{2}\sin\left(377t + \dfrac{\pi}{3}\right)$[V], $i = \sqrt{8}\sin\left(377t + \dfrac{\pi}{6}\right)$[A]일 때 소비전력[W]은?

① 100　　　② $200\sqrt{3}$　　　③ 300　　　④ $100\sqrt{3}$

【해설】
$P = VI\cos\theta = 100 \times \dfrac{\sqrt{8}}{\sqrt{2}} \times \cos(60° - 30°) = 100\sqrt{3}\,[\text{W}]$

[답] ④

02 교류 전력의 역률 및 무효율

1) 역률의 정의
(1) 피상 전력과 유효 전력과의 각도를 말한다.
(2) 역률은 $p \cdot f\,(power\,factor)$ 또는 $\cos\theta$라 표기하고, 계산 방법은 다음 식과 같다.

- $\cos\theta = \dfrac{P}{P_a} = \dfrac{P}{\sqrt{P^2 + Q^2}}$

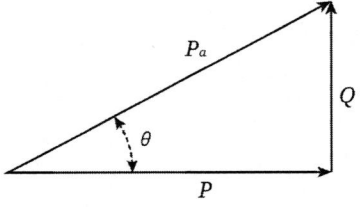

〈전력의 벡터 표현〉

2) 무효율의 정의
(1) 피상 전력과 무효 전력의 각도를 말한다.
(2) 무효율은 $\sin\theta$라 표기하고, 계산 방법은 다음 식과 같다.

- $\sin\theta = \dfrac{Q}{P_a} = \dfrac{Q}{\sqrt{P^2 + Q^2}}$

> **예제 2**
> 유효 전력이 60[W], 무효 전력이 80[Var]라고 한다면, 역률은 얼마인가?
> ① 60[%]　　　② 70[%]　　　③ 80[%]　　　④ 90[%]
>
> 【해설】
> $$\cos\theta = \frac{P}{P_a} = \frac{P}{\sqrt{P^2+Q^2}} = \frac{60}{\sqrt{60^2+80^2}} = 0.6 \ (\therefore 60[\%])$$
>
> [답] ①

03 복소 전력

1) 복소 전력의 정의

　　전압 및 전류가 복소수(벡터)로 표현된 식에서 피상 전력을 의미한다.

2) 복소 전력의 계산 방법 및 의미

　(1) 복소수로 표현된 전압 및 전류의 피상 전력은 반드시 전압에 공액을 취하여 계산한다.

　(2) 즉, $\dot{V} = a+jb[\mathrm{V}]$, $\dot{I} = c+jd[\mathrm{A}]$일 경우에 피상 전력은 다음과 같이 구한다.

> - $P_a = \dot{V}^{*}\dot{I} = (a-jb)\times(c+jd) = P \pm jQ[\mathrm{VA}]$
>
> 　단, P : 유효 전력[W]
> 　　　$+jQ$: 진상(용량성) 무효전력[Var]
> 　　　$-jQ$: 지상(유도성) 무효전력[Var]

예제 3

$V = 40 + j30\,[\text{V}]$의 전압을 가하면 $I = 30 + j10\,[\text{A}]$의 전류가 흐른다. 이 회로의 역률 값은?

① 0.456 ② 0.567 ③ 0.854 ④ 0.949

【해설】
(1) 우선 피상 전력을 구하면,
- $P_a = \overline{V}\,I = (40-j30) \times (30+j10) = 1500 - j500 = P - jQ$

(2) 따라서, 역률은,
- $\cos\theta = \dfrac{P}{\sqrt{P^2+Q^2}} = \dfrac{1500}{\sqrt{1500^2+500^2}} = 0.949$

[답] ④

04 회로의 최대 전력 전달 조건

1) 저항 회로

회로에 인가한 전압이 $E[\text{V}]$이고, 회로의 내부 저항이 R_0인 회로의 양 단자 a, b에 가변할 수 있는 부하 저항 R_L을 접속한 경우, 이 회로망이 최대로 전력을 전달시킬 수 있는 조건은 [내부 저항 = 부하 저항]인 상태이다. 즉,

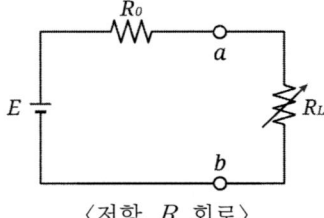

〈저항 R 회로〉

[저항 회로에서의 최대 전력 전달 조건]
- $R_L = R_0$

2) 임피던스 회로

(1) 회로에 인가한 전압이 교류 $V[\text{V}]$이고, 회로의 내부 임피던스가 $Z_0 = R_0 + jX_0$인 회로의 양 단자 a, b에 가변할 수 있는 임피던스 부하 $Z_L = R_L + jX_L$을 접속한 경우, 최대 전력 전달 조건은 [내부 임피던스 = 부하 임피던스]인 상태이다.

(2) 단, 여기서 주의할 점은 임피던스 회로에서는 크기는 내부 임피던스와 부하 임피던스가 같은 조건에서 반드시 내부 임피던스에 공액을 취한 값과 같아야 한다는 것이다. 즉,

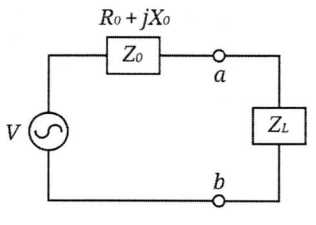

〈임피던스 Z 회로〉

[임피던스 회로에서의 최대 전력 전달 조건]
- $Z_L = \overline{Z_0} = R_0 - jX_0\,[\Omega]$

예제 4

내부 임피던스 $Z_g = 0.3 + j2\,[\Omega]$인 발전기에 임피던스 $Z_l = 1.7 + j3\,[\Omega]$인 선로를 연결하여 부하에 전력을 공급한다. 부하 임피던스 $Z_0\,[\Omega]$이 어떤 값을 취할 때 부하에 최대 전력이 전송되는가?

① $2 - j5$ ② $2 + j5$ ③ 2 ④ $\sqrt{2^2 + 5^2}$

【해설】
(1) 우선 회로의 내부 임피던스를 구하면,
- $Z = Z_g + Z_l = (0.3 + j2) + (1.7 + j3) = 2 + j5\,[\Omega]$

(2) 따라서, 최대로 전력을 공급하기 위한 부하 임피던스는,
- $Z_0 = \overline{Z} = 2 - j5\,[\Omega]$

[답] ①

Chapter 06. 교류 전력

적중실전문제

1. 어떤 부하에 $e = 100\sin\left(100\pi t + \dfrac{\pi}{6}\right)$[V]의 기전력을 인가하니 $i = 10\cos\left(100\pi t - \dfrac{\pi}{3}\right)$[A]인 전류가 흘렀다. 이 부하의 소비 전력은 몇 [W]인가?

① 250　　② 433　　③ 500　　④ 866

해설 1

(1) 우선, 전류의 cos 함수를 sin 함수로 바꾸어 주면,
- $i = 10\sin\left(100\pi t - \dfrac{\pi}{3} + \dfrac{\pi}{2}\right) = 10\sin\left(100\pi t - \dfrac{2\pi}{6} + \dfrac{3\pi}{6}\right) = 10\sin\left(100\pi t + \dfrac{\pi}{6}\right)$[A]

(2) 따라서, 유효(소비) 전력은,
- $P = VI\cos\theta = \dfrac{100}{\sqrt{2}} \times \dfrac{10}{\sqrt{2}} \times \cos(30° - 30°) = 500$[W]

[답] ③

2. $V = 100\angle 60°$[V], $I = 20\angle 30°$[A]일 때 유효 전력[W]은 얼마인가?

① $1000\sqrt{2}$　　② $1000\sqrt{3}$　　③ $\dfrac{2000}{\sqrt{2}}$　　④ 2000

해설 2

- $P = VI\cos\theta = 100 \times 20 \times \cos(60° - 30°) = 1000\sqrt{3}$[W]

[답] ②

3. 어떤 회로의 전압과 전류가 각각 $v = 50\sin(\omega t + \theta)$[V], $i = 4\sin(\omega t + \theta - 30°)$[A]일 때, 무효전력[Var]은 얼마인가?

① 100　　② 86.6　　③ 70.7　　④ 50

해설 3

- $Q = VI\sin\theta = \dfrac{50}{\sqrt{2}} \times \dfrac{4}{\sqrt{2}} \times \sin(\theta - (\theta - 30°)) = 50$[Var]

[답] ④

4. $R = 40[\Omega]$, $L = 80[mH]$의 코일이 있다. 이 코일에 100[V], 60[Hz]의 전압을 가할 때에 소비되는 전력[W]은?

① 100　　　　② 120　　　　③ 160　　　　④ 200

해설 4

(1) 우선 인덕턴스를 유도성 리액턴스로 바꾸면,
- $X = 2\pi f L = 2\pi \times 60 \times 80 \times 10^{-3} = 30[\Omega]$

(2) 따라서, $R-L$ 직렬 회로에서 소비되는 전력은,
- $P = I^2 R = \left(\dfrac{V}{\sqrt{R^2+X^2}}\right)^2 R = \dfrac{V^2 R}{R^2+X^2} = \dfrac{100^2 \times 40}{40^2 + 30^2} = 160[W]$

[답] ③

5. 그림에서 주파수 $f[Hz]$, 단상 교류 전압 $V[V]$의 전원에 저항 $R[\Omega]$, 인덕턴스 $L[H]$의 코일을 접속한 회로가 있을 때 L을 가감해서 R의 전력을 L이 0인 때의 1/5로 하면 L의 크기는?

① $\dfrac{R}{2\pi f}$

② $\dfrac{R}{\pi f}$

③ $\pi f R^2$

④ $\dfrac{R^2}{2\pi f}$

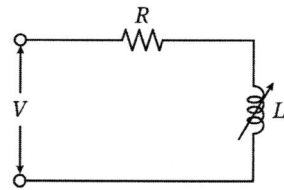

해설 5

(1) 문제의 조건을 이용하여 식으로 표현하면,
- $\dfrac{V^2 R}{R^2+X^2} = \dfrac{V^2}{R} \times \dfrac{1}{5}$

(2) 위 식을 정리하여 인덕턴스를 구하면,
- $5R^2 = R^2 + X^2$　⇒　• $4R^2 = X^2$
- $2R = X = 2\pi f L$

$\therefore L = \dfrac{R}{\pi f} [H]$

[답] ②

6. $R-L$ 병렬 회로의 양단에 $e = E_m \sin(\omega t + \theta)[V]$의 전압이 가해졌을 때 소비되는 유효 전력[W]은?

① $\dfrac{E_m^2}{2R}$ 　　② $\dfrac{E^2}{2R}$

③ $\dfrac{E_m^2}{\sqrt{2}R}$ 　　④ $\dfrac{E^2}{\sqrt{2}R}$

해설 6

$$P = \dfrac{V^2}{R} = \dfrac{\left(\dfrac{E_m}{\sqrt{2}}\right)^2}{R} = \dfrac{E_m^2}{2R}[W]$$

(참고) $R-L$ 직렬 회로는 $P = I^2R[W]$ 식을 사용하지만, $R-L$ 병렬 회로는 $P = \dfrac{V^2}{R}[W]$ 식을 사용하여야 한다.

[답] ①

7. 전압 200[V], 전류 30[A]로서 4.8[kW]의 전력을 소비하는 회로의 리액턴스[Ω]는?

① 6.6　　② 5.3　　③ 4.0　　④ 3.3

해설 7

(1) 문제 조건에서 우선 무효전력을 구하면,
- $P = 4800[W]$, $P_a = VI = 200 \times 30 = 6000[VA]$
- $\therefore Q = \sqrt{P_a^2 - P^2} = \sqrt{6000^2 - 4800^2} = 3600[Var]$

(2) 따라서, 리액턴스는,
- $Q = I^2 X \Rightarrow \therefore X = \dfrac{Q}{I^2} = \dfrac{3600}{30^2} = 4[\Omega]$

[답] ③

8. 어떤 회로에 전압을 115[V]를 인가하였더니 유효 전력이 230[W], 무효 전력이 345[Var]를 지시한다면 회로에 흐르는 전류[A]의 값은 어느 것인가?

① 약 2.5 ② 약 5.6 ③ 약 3.6 ④ 약 4.5

해설 8

(1) 우선, 피상 전력을 구하면,
- $P_a = \sqrt{P^2 + Q^2} = \sqrt{230^2 + 345^2} = 414.6 \text{[VA]}$

(2) 위에서 구한 피상 전력을 이용하여 회로에 흐르는 전류를 구하면,
- $P_a = VI \Rightarrow \therefore I = \dfrac{P_a}{V} = \dfrac{414.6}{115} = 3.6 \text{[A]}$

[답] ③

9. $R-C$ 병렬회로에 60[Hz], 100[V]의 전압을 가했더니 유효 전력이 800[W], 무효 전력이 600[Var]이었다. 저항 $R[\Omega]$과 정전 용량 $C[\mu F]$의 값은 각각 얼마인가?

① $R=12.5$, $C=159$ ② $R=15.5$, $C=180$
③ $R=18.5$, $C=189$ ④ $R=20.5$, $C=219$

해설 9

(1) 우선, 저항 값을 구해보면,
- $P = \dfrac{V^2}{R} \Rightarrow \therefore R = \dfrac{V^2}{P} = \dfrac{100^2}{800} = 12.5 [\Omega]$

(2) 또한, 리액턴스를 구해서 정전 용량 C를 구하면,
- $Q = \dfrac{V^2}{X} \Rightarrow \therefore X = \dfrac{V^2}{Q} = \dfrac{100^2}{600} = 16.7 [\Omega]$
- $X = \dfrac{1}{\omega C} \Rightarrow \therefore C = \dfrac{1}{\omega X} = \dfrac{1}{2\pi \times 60 \times 16.7} = 159 [\mu F]$

[답] ①

10. $R = 4[\Omega]$과 $X_c = 3[\Omega]$이 직렬로 접속된 회로에 10[A]의 전류를 통할 때의 교류 전력은 몇 [VA]인가?

① $400 + j300$
② $400 - j300$
③ $420 + j360$
④ $360 + j420$

해설 10

(1) 우선 회로에 인가된 전압을 구하면,
- $V = IZ = I \times (R - jX_c) = 10 \times (4 - j3) = 40 - j30 [V]$

(2) 따라서, 피상 전력은,
- $P_a = \overline{V} I = (40 + j30) \times 10 = 400 + j300 [VA]$

[답] ①

11. 정격 600[W] 전열기에 정격 전압의 80[%]를 인가하면 전력은 몇 [W]로 되는가?

① 614 ② 545 ③ 486 ④ 384

해설 11

- $P = \dfrac{V^2}{R} = 600[W] \Rightarrow \therefore P' = \dfrac{(0.8V)^2}{R} = 0.64 \dfrac{V^2}{R} = 0.64 \times 600 = 384[W]$

[답] ④

12. 어떤 회로의 전압 V, 전류 I일 때, $P_a = V^*I = P + jQ$에서 $Q > 0$ 이다. 이 회로는 어떤 부하인가?

① 유도성 ② 무유도성 ③ 용량성 ④ 정저항

해설 12

(1) $P_a = V^*I = P + jQ$: 진상 무효전력(용량성)
(2) $P_a = V^*I = P - jQ$: 지상 무효전력(유도성)

[답] ③

13. 부하에 $100\angle 30°[V]$의 전압을 가하였을 때 $10\angle 60°[A]$의 전류가 흘렀다. 부하에 소비되는 유효 전력[W], 무효 전력[Var]은 각각 얼마인가?

① $P=500$, $Q=866$　　② $P=866$, $Q=500$
③ $P=680$, $Q=400$　　④ $P=400$, $Q=680$

해설 13

$P_a = V^*I = 100\angle -30° \times 10\angle 60° = 1000\angle 30° = 100\cos 30° + j100\sin 30°$
$= 866 + j500 = P + jQ[VA]$

[답] ②

14. 어떤 회로에 $V=100\angle \dfrac{\pi}{3}[V]$의 전압을 가하니 $I=10\sqrt{3}+j10[A]$의 전류가 흘렀다. 이 회로의 무효 전력[Var]은?

① 0　　② 1000
③ 1732　　④ 2000

해설 14

(1) 우선, 문제에 주어진 전압의 극좌표 형식을 직각 좌표형으로 고치면,
- $V = 100\angle 60° = 100\cos 60° + j\sin 60° = 50 + j86.6[V]$

(2) 따라서, 피상 전력을 구하면,
- $P_a = \overline{V}I = (50 - j86.6) \times (10\sqrt{3} + j10) = 1732 - j1000 = P - jQ[VA]$
∴ $P = 1732[W]$, $Q = 1000[Var]$ (지상 무효전력)

[답] ②

15. $V = 40 + j30[\text{V}]$의 전압을 가하면 $I = 30 + j10[\text{A}]$ 전류가 흐른다. 이 회로의 역률 값은?

① 0.456
② 0.567
③ 0.854
④ 0.949

해설 15

(1) 우선, 피상 전력을 구하면,
- $P_a = \overline{V}I = (40 - j30) \times (30 + j10) = 1500 - j500[\text{VA}]$

(2) 따라서, 역률은,
- $\cos\theta = \dfrac{P}{P_a} = \dfrac{1500}{\sqrt{1500^2 + 500^2}} = 0.949$

[답] ④

16. 어떤 전원 내부 저항이 R과 리액턴스 X로 구성되어 있다. 외부에 부하 R_L을 연결하여 최대 전력을 소모시키고 싶다. R_L의 값은 얼마이어야 하는가?

① R
② $R + X$
③ $\sqrt{R^2 - X^2}$
④ $\sqrt{R^2 + X^2}$

해설 16

(1) 우선, 회로의 내부 임피던스 값은,
- $Z_0 = R + jX[\Omega] \Rightarrow \therefore |Z_0| = \sqrt{R^2 + X^2}\,[\Omega]$

(2) 따라서, 회로가 최대 전력을 공급하기 위해서는
 (내부 임피던스 = 부하 임피던스)이어야 하므로,
- $R_L = |Z_0| = \sqrt{R^2 + X^2}$

[답] ④

17. 그림과 같이 전압 E와 저항 R로 되는 회로 단자 A, B간에 적당한 저항 R_L을 접속하여 R_L에서 소비되는 전력을 최대로 하게 했다. 이때 R_L에서 소비되는 전력 P는 얼마인가?

① $\dfrac{E^2}{4R}$ ② $\dfrac{E^2}{2R}$

③ $\dfrac{E^2}{3R_L}$ ④ $\dfrac{E^2}{4R_L}$

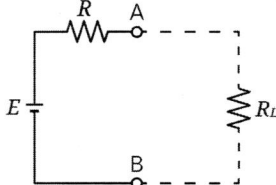

해설 17

(1) 회로에서 최대 전력을 공급하기 위한 조건은
  (내부 저항 = 부하 저항)이어야 하므로,
  • $R = R_L$

(2) 따라서, 최대 전력은,
  • $P_m = I^2 R_L = \left(\dfrac{E}{R+R_L}\right)^2 R_L = \left(\dfrac{E}{R+R}\right)^2 R = \dfrac{E^2 R}{4R^2} = \dfrac{E^2}{4R}$

[답] ①

18. 그림과 같은 회로에서 부하 R_L에서 소비되는 최대 전력[W]은?

① 50
② 125
③ 250
④ 500

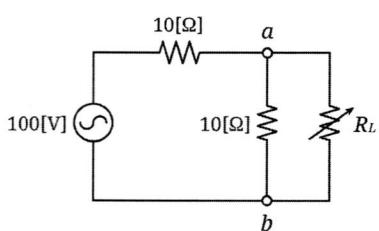

해설 18

(1) 우선, 부하 저항 R_L을 회로에서 분리시킨 상태에서의 a, b 양단에서의 테브닝 등가 회로는,

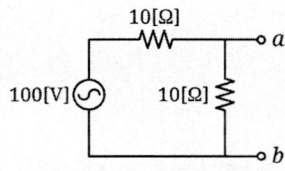

- $R_{ab} = \dfrac{10 \times 10}{10 + 10} = \dfrac{10}{2} = 5[\Omega]$
- $V_{ab} = \dfrac{10}{10 + 10} \times 100 = 50[\text{V}]$

(2) 회로가 최대 전력을 공급하기 위해서는 (내부 저항 $5[\Omega]$ = 부하 저항)이어야 하므로, 부하 저항도 $5[\Omega]$이어야 한다. 따라서 최대 전력은,

- $P_m = I^2 R_L = \left(\dfrac{V_{ab}}{R_{ab} + R_L}\right)^2 R_L = \left(\dfrac{50}{5+5}\right)^2 \times 5 = 125[\text{W}]$

[답] ②

19. 최대값 V_0, 내부 임피던스 $Z_0 = R_0 + jX_0\ (R_0 > 0)$인 전원에서 공급할 수 있는 최대 전력은?

① $\dfrac{V_0^2}{8R_0}$ ② $\dfrac{V_0^2}{4R_0}$

③ $\dfrac{V_0^2}{2R_0}$ ④ $\dfrac{V_0^2}{2\sqrt{2}\,R_0}$

해설 19

(1) 임피던스 회로에서 최대 전력 조건은,

- $Z_L = \overline{Z_0} = R_0 - jX_0\,[\Omega]$

(2) 따라서, 최대 전력은,

- $P_m = I^2 R_L = \left(\dfrac{V}{Z_0 + Z_L}\right)^2 R_L = \left(\dfrac{\dfrac{V_0}{\sqrt{2}}}{R_0 + jX_0 + R_0 - jX_0}\right)^2 \times R_0 = \dfrac{V_0^2}{8R_0}$

[답] ①

20. 그림과 같은 회로에서 부하 임피던스 Z_L을 얼마로 할 때 이에 최대 전력이 공급되는가?

① $4 - j10$
② $4 + j10$
③ $10 - j4$
④ $10 + j4$

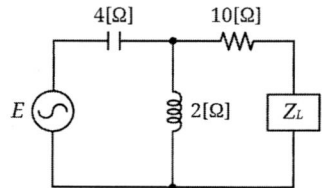

해설 20

(1) 부하 임피던스 Z_L를 개방한 상태에서의 회로의 내부 임피던스는,
- $Z_0 = 10 + \dfrac{-j4 \times j2}{-j4 + j2} = 10 + j4\,[\Omega]$

(2) 따라서, 최대 전력이 되기 위한 조건은,
- $Z_L = \overline{Z_0} = 10 - j4\,[\Omega]$

[답] ③

Chapter 07

3상 교류

01. 3상 대칭 기전력의 발생 원리

02. 3상 결선의 종류

03. 대칭 좌표법 (불평형 고장 계산 방법)

04. 부하의 Y-△ 및 △-Y 등가 변환

05. 특수한 결선법

06. 전력의 측정

- 적중실전문제

Chapter 07 3상 교류

01 3상 대칭 기전력의 발생 원리

1) 3상 동기 발전기
(1) 3상 대칭 기전력은 발전소에 설치되어 있는 3상 동기 발전기에서 주로 발생한다.
(2) 3상 동기 발전기에서의 3상 대칭 기전력의 발생 원리는 다음과 같다.

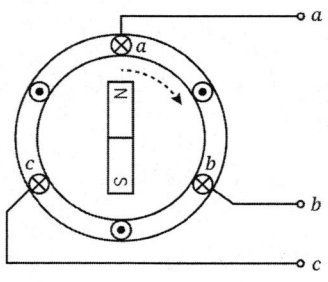

(a) 3상 동기 발전기 구조

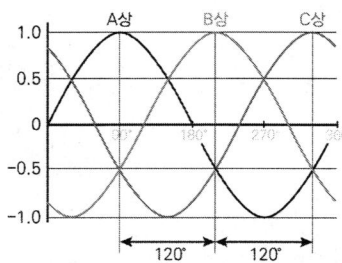

(b) 3상 기전력 교류 파형

2) 3상 교류의 성질
(1) 3상 기전력은 항상 $0°\ \rightarrow\ -120°\ \rightarrow\ -240°$ 의 순서로 발생한다.
(2) 3상 교류의 각 상의 순시값은 다음과 같이 표현한다.
- $v_a = V_m \sin\omega t$
- $v_b = V_m \sin(\omega t - 120°)$
- $v_c = V_m \sin(\omega t - 240°)$

예제 1

대칭 3상 교류에서 순시값의 벡터 합은?
① 0 ② 40 ③ 0.577 ④ 86.6

【해설】
- $\dot{v_a} + \dot{v_b} + \dot{v_c} = V_m \sin\omega t + V_m \sin(\omega t - 120°) + V_m \sin(\omega t - 240°) = 0$

[답] ①

02 3상 결선의 종류

1) Y 결선
    - $I_l = I_p$ [A]
    - $V_l = \sqrt{3}\ V_p \angle 30°$ [V]
      단,
    - V_p, I_p : 상전압, 상전류
    - V_l, I_l : 선간 전압, 선전류

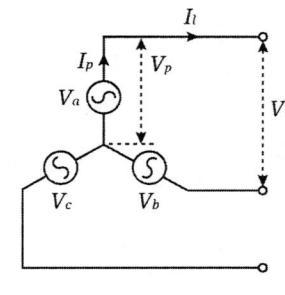

⟨ Y 결선 ⟩

2) $\triangle$ 결선
    - $V_l = V_p$ [V]
    - $I_l = \sqrt{3}\ I_p \angle -30°$ [A]
      단,
    - V_p, I_p : 상전압, 상전류
    - V_l, I_l : 선간 전압, 선전류

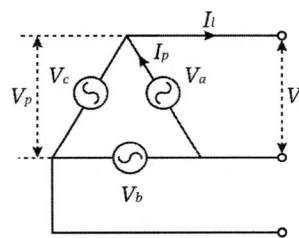

⟨ $\triangle$ 결선 ⟩

예제 2

전원과 부하가 다같이 $\triangle$ 결선된 3상 평형 회로가 있다. 전원 전압이 200[V], 부하 임피던스가 $6+j8$ [Ω]인 경우 선전류[A]는?

① 20　　② $\dfrac{20}{\sqrt{3}}$　　③ $20\sqrt{3}$　　④ $10\sqrt{3}$

【해설】

$\triangle$ 결선에서는 $V_l = V_p$, $I_l = \sqrt{3}\ I_p$ 의 관계가 있으므로,

- $I_l = \sqrt{3}\ I_p = \sqrt{3} \times \dfrac{V_p}{Z_p} = \sqrt{3} \times \dfrac{200}{\sqrt{6^2+8^2}} = 20\sqrt{3}$ [A]

[답] ③

03 대칭 좌표법 (불평형 고장 계산 방법)

1) 대칭 좌표법의 정의

   대칭 좌표법은 고장 계산을 직접 하는 것이 아니고, 사고 성분을 영상분(V_0, I_0), 정상분(V_1, I_1), 역상분(V_2, I_2)으로 나누어서 따로 따로 계산하는 방법이다.

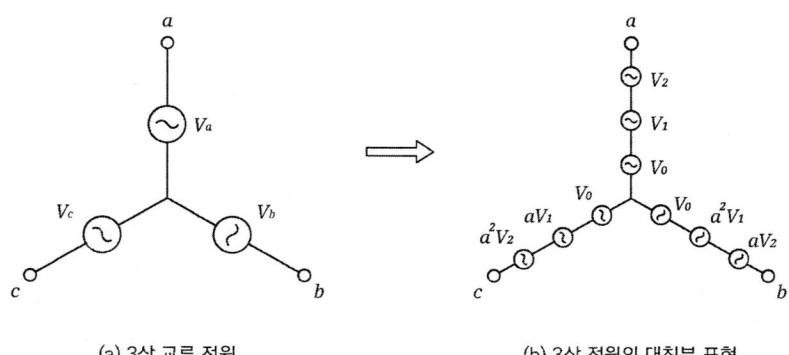

(a) 3상 교류 전원   (b) 3상 전원의 대칭분 표현

2) 3상의 대칭분 표현식 및 대칭 성분

   (1) 3상 전원의 대칭분 표현 :

   $$V_a = V_0 + V_1 + V_2$$
   $$V_b = V_0 + a^2 V_1 + a V_2$$
   $$V_c = V_0 + a V_1 + a^2 V_2$$

   (2) 대칭 성분 :

   $$V_0 = \frac{1}{3}(V_a + V_b + V_c)$$
   $$V_1 = \frac{1}{3}(V_a + a V_b + a^2 V_c)$$
   $$V_2 = \frac{1}{3}(V_a + a^2 V_b + a V_c)$$

예제 3

A, B 및 C상 전류를 각각 I_a, I_b, I_c라 할 때,
$I_x = \dfrac{1}{3}(I_a + a^2 I_b + a I_c)$, $a = -\dfrac{1}{2} + j\dfrac{\sqrt{3}}{2}$ 으로 표시되는 I_x는 어떤 전류인가?

① 정상 전류　　　　　　② 역상 전류
③ 영상 전류　　　　　　④ 역상 전류와 영상 전류의 합계

【해설】
전류에 대한 대칭분은 각각,

(1) 영상 전류 : $I_0 = \dfrac{1}{3}(I_a + I_b + I_c)$

(2) 정상 전류 : $I_1 = \dfrac{1}{3}(I_a + a I_b + a^2 I_c)$

(3) 역상 전류 : $I_2 = \dfrac{1}{3}(I_a + a^2 I_b + a I_c)$

[답] ②

3) 불평형률

(1) 3상 대칭이 아닌 3상 비대칭 전원이나 부하에서는 정상분(V_1, I_1)분만 아니라 반드시 영상분(V_0, I_0) 및 역상분(V_2, I_2)이 포함된다.

(2) 3상 회로의 불평형 정도를 나타내는 척도를 불평형률이라 한다.

$$\text{불평형률} = \dfrac{\text{역상분}}{\text{정상분}} = \dfrac{V_2}{V_1} = \dfrac{I_2}{I_1}$$

예제 4

3상 불평형 전압에서 영상 전압이 140[V]이고 정상 전압이 600[V], 역상 전압이 280[V]라면 전압의 불평형률은?

① 2.144　　　② 0.566　　　③ 0.466　　　④ 0.233

【해설】

• 불평형률 $= \dfrac{V_2}{V_1} = \dfrac{280}{600} = 0.466$

[답] ③

04 부하의 Y-△ 및 △-Y 등가 변환

1) $Y-\triangle$ 변환
   (1) 회로를 해석하기 위해서는 Y 결선을 $\triangle$ 결선으로 변환해야 할 경우가 있다.
   (2) 이 경우에 Y 결선의 3 단자에서 본 저항과 $\triangle$ 결선의 3 단자에서 본 저항의 합성 저항 값이 같아야 한다.

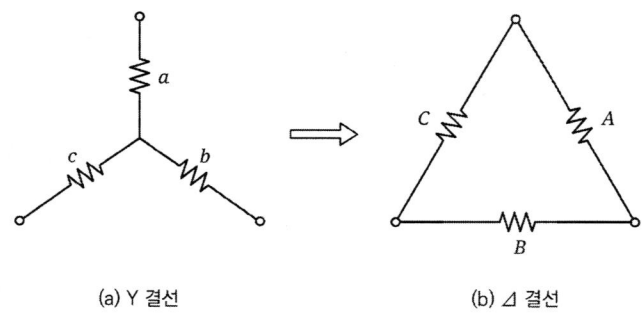

(a) Y 결선 (b) △ 결선

   (3) $Y-\triangle$ 변환 공식

   ① a, b, c 저항이 모두 다를 경우
   - $A = \dfrac{ab+bc+ca}{c}$, - $B = \dfrac{ab+bc+ca}{a}$, - $C = \dfrac{ab+bc+ca}{b}$

   ② a, b, c 저항이 모두 같을 경우
   - $A = B = C = 3a = 3b = 3c$

예제 5

$9[\Omega]$과 $3[\Omega]$의 저항 3개를 그림과 같이 연결하였을 때 A, B 사이의 합성 저항$[\Omega]$은?

① 6
② 4
③ 3
④ 2

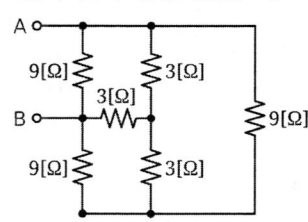

【해설】
(1) 우선, $3[\Omega]$ 저항 3개의 Y 결선을 $\triangle$ 결선으로 바꾸면,

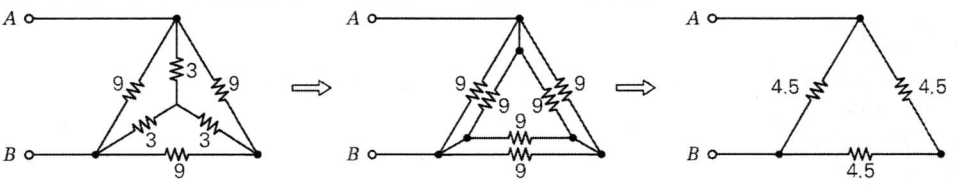

(2) 따라서, A, B 단자 간의 합성 저항은,

- $R_{AB} = \dfrac{4.5 \times (4.5+4.5)}{4.5+(4.5+4.5)} = \dfrac{4.5 \times 9}{4.5+9} = 3[\Omega]$

[답] ③

2) $\triangle - Y$ 변환
   (1) 회로를 해석하기 위해서는 $\triangle$ 결선을 Y 결선으로 변환해야 할 경우가 있다.
   (2) 이 경우에 $\triangle$ 결선의 3 단자에서 본 저항과 Y 결선의 3 단자에서 본 저항의 합성 저항 값이 같아야 한다.

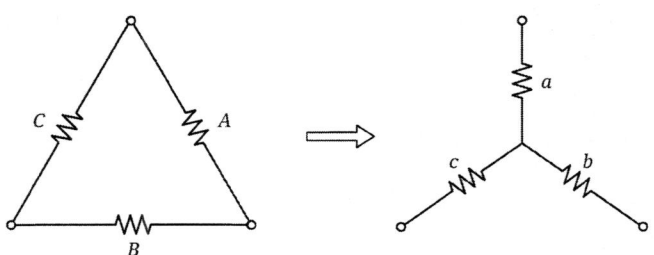

(3) △ − Y 변환 공식

① A, B, C 저항이 모두 다를 경우
- $a = \dfrac{AC}{A+B+C}$, $b = \dfrac{AB}{A+B+C}$, $c = \dfrac{BC}{A+B+C}$

② a, b, c 저항이 모두 같을 경우
- $a = b = c = \dfrac{A}{3} = \dfrac{B}{3} = \dfrac{C}{3}$

예제 6

그림과 같은 회로의 단자 a, b, c에 대칭 3상을 가하여 각 선전류를 같게 하려면 R의 값을 얼마[Ω]로 하면 되는가?

① 2
② 8
③ 16
④ 24

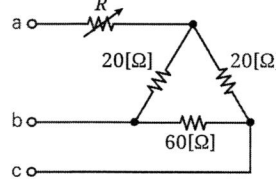

【해설】

(1) 우선, 20[Ω], 20[Ω], 60[Ω] 저항 3개의 △ 결선을 Y 결선으로 바꾸면,

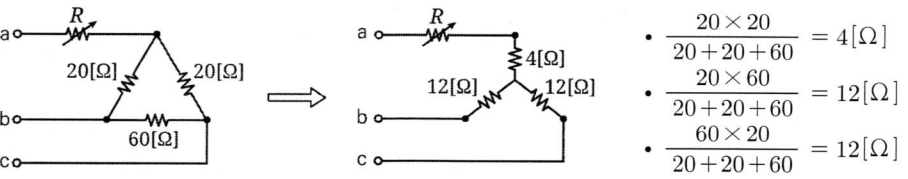

- $\dfrac{20 \times 20}{20+20+60} = 4[\Omega]$
- $\dfrac{20 \times 60}{20+20+60} = 12[\Omega]$
- $\dfrac{60 \times 20}{20+20+60} = 12[\Omega]$

(2) 따라서, 대칭 3상 전압을 인가한 상태에서 각 선전류가 같기 위해서는 각 상의 저항 값이 동일하여야 하므로, a 상에 직렬로 삽입되는 저항 R은,
- $R = 12 - 4 = 8[\Omega]$

[답] ②

05 특수한 결선법

1) V 결선

   (1) 3상 전원을 △ 결선으로 운전하던 중 그 중에 한 상의 전원 측에 고장이 발생하였을 때 나머지 2상의 전원으로 운전하는 결선법을 말한다.

   (2) 이때 각각의 출력은 다음과 같다.

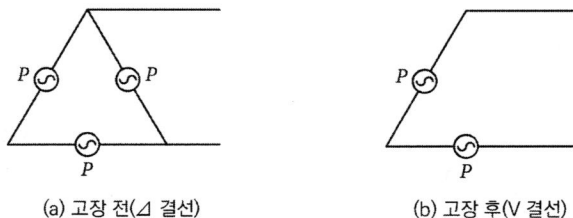

   (a) 고장 전(△ 결선) (b) 고장 후(V 결선)

   ① 고장 전 (3개의 전원을 △ 결선 운전)
   - $P_\triangle = 3P$

   ② 고장 후 (2개의 전원을 V 결선 운전)
   - $P_v = 2P$ (이론 출력)
   - $P_v = \sqrt{3}\,P$ (실제 출력)

   ③ 출력 비 (△ 결선 출력과 V 결선 출력 비교)
   - $\dfrac{P_v}{P_\triangle} = \dfrac{\sqrt{3}\,P}{3P} = \dfrac{1}{\sqrt{3}} = 0.577\ (\therefore 57.7\,[\%])$

   ④ 이용률 (V 결선 출력 비교)
   - $\dfrac{\text{실제출력}}{\text{이론출력}} = \dfrac{\sqrt{3}\,P}{2P} = \dfrac{\sqrt{3}}{2} = 0.866\ (\therefore 86.6\,[\%])$

예제 7

10[kVA]의 변압기 2대로 공급할 수 있는 최대 3상 전력[kVA]은?
① 20   ② 17.3   ③ 14.1   ④ 10

【해설】
- $P_v = \sqrt{3}\,P = \sqrt{3} \times 10 = 17.3\,[\text{kVA}]$

[답] ②

2) n상 전원
  (1) 3상 전원을 넘는 전원을 모두 n상 전원이라 하며, 특수한 용도로만 사용한다.
  (2) n상 전원의 전압, 전류 및 위상 관계식은 다음과 같다.

> ① n상 전원의 전압 및 전류 관계식
>   - $V_l = V_p \times 2\sin\dfrac{\pi}{n}$,   - $I_l = I_p \times 2\sin\dfrac{\pi}{n}$
> ② n상 전원의 위상 관계식
>   - $\theta = \dfrac{\pi}{2}\left(1 - \dfrac{2}{n}\right) = 90°\left(1 - \dfrac{2}{n}\right)$

예제 8

대칭 6상 전원이 있다. 환상 결선으로 권선에 120[A]의 전류를 흘린다고 하면 선전류는 몇 [A]인가?
① 60   ② 90   ③ 120   ④ 150

【해설】
- $I_l = I_p \times 2\sin\dfrac{\pi}{n} = 120 \times 2\sin\dfrac{\pi}{6} = 120 \times 2\sin 30° = 120[A]$

[답] ③

---

06 전력의 측정

1) 2 전력계법
  단상 전력계 2대로 3상의 전력 및 역률을 측정하는 방법

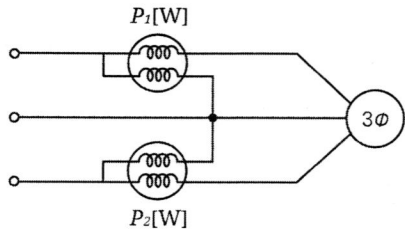

(1) 유효 전력 : $P = P_1 + P_2$ [W]

(2) 피상 전력 : $P_a = 2\sqrt{P_1^2 + P_2^2 - P_1 P_2}$ [VA]

(3) 역률 : $\cos\theta = \dfrac{P}{P_a} = \dfrac{P_1 + P_2}{2\sqrt{P_1^2 + P_2^2 - P_1 P_2}}$

예제 9

2 전력계법으로 평형 3상 전력을 측정하였더니 한 쪽의 지시가 800[W], 다른 쪽의 지시가 1600[W]이었다. 피상 전력[VA]은 얼마인가?
① 2971　　② 2871　　③ 2771　　④ 2671

【해설】
- $P_a = 2\sqrt{P_1^2 - P_2^2 - P_1 P_2} = 2\sqrt{800^2 + 1600^2 - 800 \times 1600} = 2771$ [VA]

[답] ③

---

2) 3 전압계법

전압계 3개로 단상 전력 및 역률을 측정하는 방법

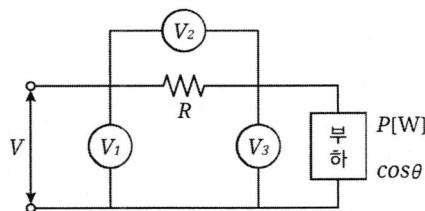

(1) 유효 전력 : $P = \dfrac{V^2}{R} = \dfrac{1}{2R}\left(V_1^2 - V_2^2 - V_3^2\right)$ [W]

(2) 역률 : $\cos\theta = \dfrac{V_1^2 - V_2^2 - V_3^2}{2V_2 V_3}$

3) 3 전류계법

전류계 3개로 단상 전력 및 역률을 측정하는 방법

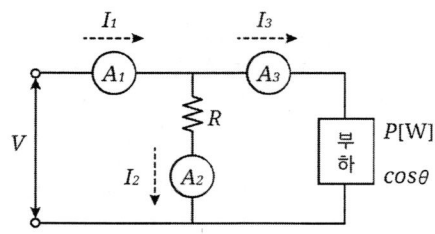

(1) 유효 전력 : $P = I^2R = \dfrac{R}{2}\left(I_1^2 - I_2^2 - I_3^2\right)$ [W]

(2) 역률 : $\cos\theta = \dfrac{I_1^2 - I_2^2 - I_3^2}{2I_2I_3}$

예제 10

그림과 같은 회로에서 전압계 3개로 단상 전력을 측정하고자 할 때의 유효 전력은?

① $\dfrac{1}{2R}\left(V_3^2 - V_1^2 - V_2^2\right)$

② $\dfrac{1}{2R}\left(V_3^2 - V_1^2\right)$

③ $\dfrac{R}{2}\left(V_3^2 - V_1^2 - V_2^2\right)$

④ $\dfrac{R}{2}\left(V_2^2 - V_1^2 - V_3^2\right)$

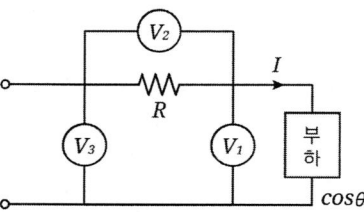

【해설】
본 문제에서 전압계 위치가 V_1과 V_3의 위치가 서로 바뀌었다는 점만 주의하면서 풀면 된다. 즉, • $P = \dfrac{V^2}{R} = \dfrac{1}{2R}\left(V_3^2 - V_1^2 - V_2^2\right)$

[답] ①

Chapter 07. 3상 교류

적중실전문제

1. $R[\Omega]$인 3개의 저항을 같은 전원에 △결선으로 접속시킬 때와 Y결선으로 접속시킬 때 선전류의 크기 비 $\left(\dfrac{I_\triangle}{I_Y}\right)$는?

① $\dfrac{1}{3}$ ② $\sqrt{3}$ ③ $\dfrac{1}{\sqrt{3}}$ ④ 3

해설 1

(1) Y 결선으로 접속할 때의 선전류와 △ 결선으로 접속할 때의 선전류를 각각 구하면,

- $I_Y = I_p = \dfrac{V_p}{R} = \dfrac{\dfrac{V_l}{\sqrt{3}}}{R} = \dfrac{V_l}{\sqrt{3}\,R}$,

- $I_\triangle = \sqrt{3}\,I_p = \sqrt{3} \times \dfrac{V_p}{R} = \sqrt{3} \times \dfrac{V_l}{R} = \dfrac{\sqrt{3}\,V_l}{R}$

(2) 따라서, 선전류의 크기 비를 비교하여 보면,

- $\dfrac{I_\triangle}{I_Y} = \dfrac{\dfrac{\sqrt{3}\,V_l}{R}}{\dfrac{V_l}{\sqrt{3}\,R}} = \sqrt{3} \times \sqrt{3} = 3$

[답] ④

2. 9[Ω]과 3[Ω]의 저항 3개를 그림과 같이 연결하였을 때 A, B 사이의 합성 저항[Ω]은?

① 6
② 4
③ 3
④ 2

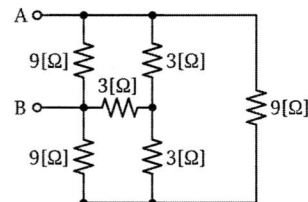

해설 2

(1) 우선, 3[Ω] 저항 3개의 Y 결선을 $\triangle$ 결선으로 바꾸면,

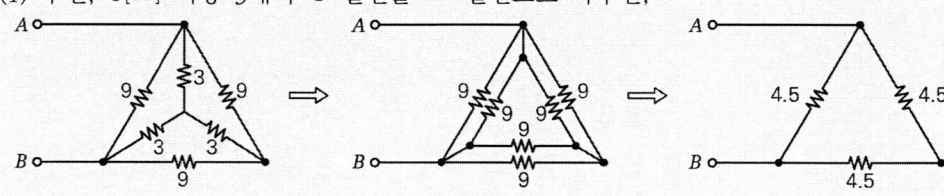

(2) 따라서, A, B 단자 간의 합성 저항은,

- $R_{AB} = \dfrac{4.5 \times (4.5 + 4.5)}{4.5 + (4.5 + 4.5)} = \dfrac{4.5 \times 9}{4.5 + 9} = 3[\Omega]$

(별해) 본 문제와 같은 형태의 합성 저항 값은 반드시 회로 안쪽 부분의 Y 결선 저항의 값이 무조건 답이다. 즉, 합성 저항은 $R_{AB} = R_Y = 3[\Omega]$

[답] ③

3. 6[Ω]과 2[Ω]의 저항 3개를 그림과 같이 연결하였을 때 A, B 사이의 합성 저항[Ω]은?

① 6
② 4
③ 3
④ 2

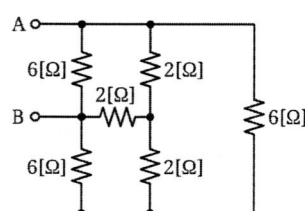

해설 3

본 문제와 같은 형태의 합성 저항 값은 반드시 회로 안쪽 부분의 Y 결선 저항의 값이 무조건 답이다. 즉, 합성 저항은 $R_{AB} = R_Y = 2[\Omega]$

[답] ④

4. 대칭 3상 전압을 그림과 같은 평형 부하에 가할 때의 부하의 역률은 얼마인가? (단, $R = 9[\Omega]$, $\frac{1}{\omega C} = 4[\Omega]$이다.)

① 1
② 0.96
③ 0.8
④ 0.6

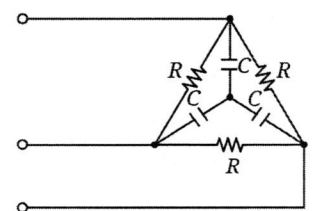

해설 4

(1) 우선 △ 결선의 저항 3개를 Y 결선으로 등가 변환하면,

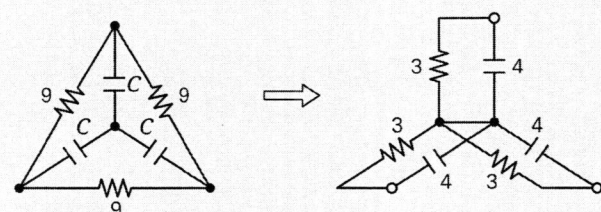

(2) 따라서, 저항과 콘덴서의 병렬 회로가 되므로 이때의 역률은,

- $\cos\theta = \dfrac{X}{\sqrt{R^2+X^2}} = \dfrac{4}{\sqrt{3^2+4^2}} = 0.8$

[답] ③

5. 저항 R[Ω] 3개를 Y로 접속한 회로에 200[V]의 3상 교류 전압을 인가 시 선전류가 10[A]라면 이 3개의 저항을 △로 접속하고 동일 전원을 인가 시 선전류는 몇 [A]인가?

① 10 ② $10\sqrt{3}$ ③ 30 ④ $30\sqrt{3}$

해설 5

(1) Y 결선 시 한 상의 저항 값을 구하면,

- $R = \dfrac{V_p}{I_p} = \dfrac{\dfrac{V_l}{\sqrt{3}}}{I_l} = \dfrac{\dfrac{200}{\sqrt{3}}}{10} = 11.55[\Omega]$

(2) 위의 저항(11.55[Ω])을 △ 결선으로 바꾸었을 때의 선전류는,

- $I_l = \sqrt{3}\, I_p = \sqrt{3} \times \dfrac{V_p}{R} = \sqrt{3} \times \dfrac{200}{11.55} = 30[A]$

(별해) Y 결선 회로를 △ 결선 회로로 변경할 경우 회로의 모든 요소는 3[배]로 증가한다. 즉,
① $R_\triangle = 3 \times R_Y\,[\Omega]$
② $I_\triangle = 3 \times I_Y\,[A]$
③ $P_\triangle = 3 \times P_Y\,[W]$

[답] ③

6. 그림과 같이 △로 접속된 부하에서 각 선로의 저항은 $r=1[\Omega]$이고 부하의 임피던스는 $Z=6+j12[\Omega]$이다. 단자 a, b, c간에 200[V]의 평형 3상 전압을 가할 때 부하의 상전류[A]는?

① 23.09
② 40.26
③ 13.33
④ 69.28

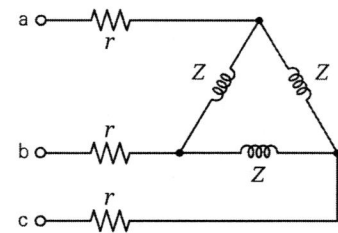

해설 6

(1) 우선, △ 결선된 부하 임피던스를 Y 결선으로 바꾸어 1상당 합성 임피던스를 구하면, • $Z_p = r + \dfrac{Z}{3} = 1 + \dfrac{1}{3} \times (6+j12) = 3+j4$ ∴ $|Z_p| = \sqrt{3^2 + j4^2}[\Omega]$

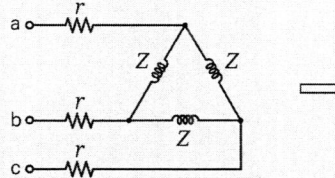 ⇒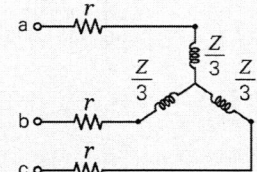

(2) 위의 임피던스 값을 이용하여 선전류를 구해보면,

• $I_l = I_p = \dfrac{V_p}{Z_p} = \dfrac{\frac{200}{\sqrt{3}}}{5} = 23[A]$

(3) 그런데, 위에서 구한 선전류는 Y 결선으로 바꾼 상태에서의 선전류이므로 원래의 회로인 △ 결선 부하 내부에 흐르는 부하의 상전류는,

• $I_p = \dfrac{I_l}{\sqrt{3}} = \dfrac{23}{\sqrt{3}} = 13.3[A]$

[답] ③

7. $r[\Omega]$인 저항을 그림과 같이 접속하고 평형 3상 전압 V를 가했을 때 I는 몇 [A]인가? (단, $r = 3[\Omega]$, $V = 60[V]$이다.)

① 5
② 6
③ 7.5
④ 8.5

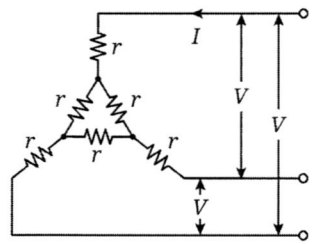

해설 7

(1) 본 문제의 3상 회로는 가운데 부분의 3개의 저항은 △ 결선이고, 바깥의 3개의 저항은 Y 결선형태로 접속된 형태이므로, 이 상태 그대로는 문제를 풀어나갈 수 없다. 따라서, △ 결선의 저항을 Y 결선으로 등가 변환하여 1상당 합성 저항을 구하면,

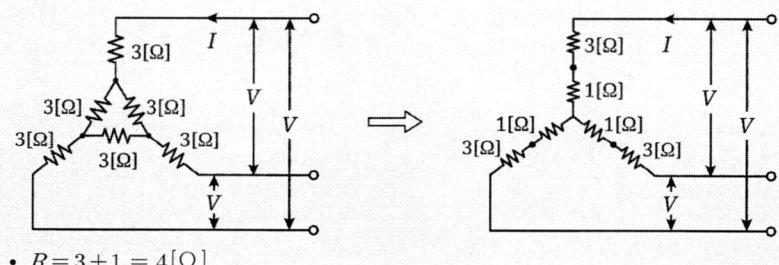

- $R = 3 + 1 = 4[\Omega]$

(2) 따라서 Y 결선에서의 선전류는,

- $I_l = \dfrac{V_l}{R} = \dfrac{\frac{60}{\sqrt{3}}}{4} = 8.66[A]$

[답] ④

8. 3상 4선식에서 중성선이 필요하지 않아서 중성선을 제거하여 3상 3선식을 만들기 위한 중성선에서의 조건식은 어떻게 되는가? (단, I_a, I_b, I_c는 각상의 전류이다.)

① 불평형 3상 $I_a + I_b + I_c = 0$
② 불평형 3상 $I_a + I_b + I_c = \sqrt{3}$
③ 불평형 3상 $I_a + I_b + I_c = 3$
④ 평형 3상 $I_a + I_b + I_c = 0$

해설 8

평형 3상 전원에서는, $I_a = I\angle 0°$, $I_b = I\angle -120°$, $I_c = I\angle -240°$ 이므로 중성선에는 $I_a + I_b + I_c = I(\angle 0° + \angle -120° + \angle -240°) = 0$ 으로 되어 전류가 흐르지 않는다.

[답] ④

9. 평형 3상 3선식 회로가 있다. 부하는 Y 결선이고 $V_{ab} = 100\sqrt{3}\angle 0°$ [V]일 때 $I_a = 20\angle -120°$ [A]이었다. Y 결선된 부하 한 상의 임피던스는 몇 [Ω]인가?

① $5\angle 60°$
② $5\sqrt{3}\angle 60°$
③ $5\angle 90°$
④ $5\sqrt{3}\angle 90°$

해설 9

Y 결선에서 선간 전압과 상 전압의 관계 $V_l = \sqrt{3}\,V_p\angle 30°$를 이용하여 부하 한 상의 임피던스를 구하면,

- $Z_p = \dfrac{V_p}{I_p} = \dfrac{\frac{V_l}{\sqrt{3}\angle 30°}}{20\angle -120°} = \dfrac{\frac{100\sqrt{3}\angle 0°}{\sqrt{3}\angle 30°}}{20\angle -120°} = \dfrac{100\angle -30°}{20\angle -120°} = 5\angle 90°$ [Ω]

[답] ③

10. 대칭 3상 Y 결선 부하에서 각 상의 임피던스가 $Z = 16 + j12[\Omega]$이고 부하 전류가 10[A]일 때, 이 부하의 선간 전압[V]은?

① 235.4   ② 346.4   ③ 456.7   ④ 524.4

해설 10

(1) 우선, 상 전압을 구해보면,
- $V_p = I_p Z_p = 10 \times (16 + j12) = 160 + j120[V] \Rightarrow \therefore |V_p| = \sqrt{160^2 + 120^2} = 200[V]$

(2) 따라서, Y 결선에서의 선간 전압은,
- $V_l = \sqrt{3}\ V_p = \sqrt{3} \times 200 = 346.4[V]$

[답] ②

11. 전원과 부하가 다같이 △ 결선된 3상 평형 회로가 있다. 전원 전압이 200[V], 부하 임피던스가 $6 + j8\ [\Omega]$인 경우 선전류[A]는?

① 20   ② $\dfrac{20}{\sqrt{3}}$ ③ $20\sqrt{3}$ ④ $10\sqrt{3}$

해설 11

(1) 우선, 상전류를 구해보면,
- $I_p = \dfrac{V_p}{Z_p} = \dfrac{200}{\sqrt{6^2 + 8^2}} = 20[A]$

(2) 따라서, △ 결선 회로에서의 선전류는,
- $I_l = \sqrt{3}\ I_p = \sqrt{3} \times 20 = 20\sqrt{3}[A]$

[답] ③

12. 전원과 부하가 △-△ 결선인 평형 3상 회로의 선간 전압이 220[V], 선전류가 30[A]이었다면 부하 1상의 임피던스[Ω]는?

① 9.7 ② 10.7 ③ 11.7 ④ 12.7

해설 12

- $Z_p = \dfrac{V_p}{I_p} = \dfrac{220}{\frac{30}{\sqrt{3}}} = 12.7[\Omega]$

[답] ④

13. △ 결선된 3상 회로에서 상전류가 다음과 같다.

$I_{12} = 4\angle -36°[A]$, $I_{23} = 4\angle -156°[A]$, $I_{31} = 4\angle 84°[A]$ 선전류 I_1, I_2, I_3 중에서 그 크기가 가장 큰 것은?

① 2.31 ② 4.0 ③ 6.93 ④ 8.0

해설 13

문제의 조건을 보면 각 상의 상 전류의 크기가 4[A]로 모두 같으므로, 선전류는 모두

- $I_l = \sqrt{3}\, I_p = \sqrt{3} \times 4 = 6.93[A]$

[답] ③

14. 12상 Y 결선 상 전압이 100[V]일 때 단자 전압[V]은?

① 75.88 ② 25.88 ③ 100 ④ 51.76

해설 14

- $V_l = V_p \times 2\sin\dfrac{\pi}{n} = 100 \times 2\sin\dfrac{\pi}{12} = 100 \times 2\sin 15° = 51.76[V]$

[답] ④

15. 대칭 n 상에서 선전류와 상전류 사이의 위상차[rad]는 어떻게 되는가?

① $\dfrac{\pi}{2}\left(1-\dfrac{2}{n}\right)$ ② $2\left(1-\dfrac{2}{n}\right)$

③ $\dfrac{n}{2}\left(1-\dfrac{2}{n}\right)$ ④ $\dfrac{\pi}{2}\left(1-\dfrac{n}{2}\right)$

해설 15

대칭 n 상에서 선전류는 상전류보다 $\dfrac{\pi}{2}\left(1-\dfrac{2}{n}\right)$[rad]만큼 뒤진다.

[답] ①

16. 대칭 6상 기전력의 선간 전압과 상기전력의 위상차는?

① 75° ② 30° ③ 60° ④ 120°

해설 16

• $\theta = \dfrac{\pi}{2}\left(1-\dfrac{2}{n}\right) = 90°\left(1-\dfrac{2}{6}\right) = 90° \times \dfrac{4}{6} = 60°$

[답] ③

17. 다음의 대칭 다상 교류에 의한 회전 자계 중 잘못된 것은?

① 대칭 3상 교류에 의한 회전 자계는 원형 회전 자계이다.
② 대칭 2상 교류에 의한 회전 자계는 타원형 회전 자계이다.
③ 3상 교류에서 어느 두 코일의 전류의 상순을 바꾸면 회전 자계의 방향도 바뀐다.
④ 회전 자계의 회전 속도는 일정 각속도 ω이다.

해설 17

(1) 단상 전원 : 교번 자계 발생
(2) 3상 대칭(평형) 전원 : 원형 회전 자계 발생
(3) 3상 비대칭(불평형) 전원 : 타원형 회전 자계 발생

[답] ②

18. 공간적으로 서로 $2\pi/n$[rad]의 각도를 두고 배치한 n개의 코일에 대칭 n상 교류를 흘리면 그 중심에 생기는 회전 자계의 모양은?
   ① 원형 회전 자계
   ② 타원 회전 자계
   ③ 원통 회전 자계
   ④ 원추형 회전 자계

   해설 18
   (1) 3상 대칭(평형) 전원 : 원형 회전 자계 발생
   (2) 3상 비대칭(불평형) 전원 : 타원형 회전 자계 발생

   [답] ①

19. 비대칭 다상 교류가 만드는 회전 자계는?
   ① 교번 자계
   ② 타원 회전 자계
   ③ 원형 회전 자계
   ④ 포물선 회전 자계

   해설 19
   (1) 단상 전원 : 교번 자계 발생
   (2) 3상 대칭(평형) 전원 : 원형 회전 자계 발생
   (3) 3상 비대칭(불평형) 전원 : 타원형 회전 자계 발생

   [답] ②

20. 2 전력계법을 써서 3상 전력을 측정하였더니 각 전력계가 $+500$[W], $+300$[W]를 지시하였다. 전 전력[W]은?
   ① 800
   ② 200
   ③ 500
   ④ 300

   해설 20
   2 전력계법에서의 3상 회로에 소비되는 전체 유효 전력은,
   - $P = P_1 + P_2 = 500 + 300 = 800$[W]

   [답] ①

Chapter 07. 3상 교류

21. 대칭 3상 4선식 전력 계통이 있다. 단상 전력계 2개로 전력을 측정하였더니 각 전력계의 값이 $-301[W]$ 및 $1327[W]$이었다. 이때 역률은 얼마인가?

① 0.94　　　　　② 0.75
③ 0.62　　　　　④ 0.34

해설 21

- $\cos\theta = \dfrac{P}{P_a} = \dfrac{P_1+P_2}{2\sqrt{P_1^2+P_2^2-P_1P_2}} = \dfrac{-301+1327}{2\sqrt{(-301)^2+1327^2-(-301)\times 1327}} = 0.34$

[답] ④

22. 선간 전압 $V[V]$의 3상 평형 전원에 대칭 3상 저항 부하 $R[\Omega]$이 그림과 같이 접속되었을 때 a, b 두 상간에 접속된 전력계의 지시값이 $W[W]$라 하면 c 상의 전류[A]는?

① $\dfrac{\sqrt{3}\,W}{V}$

② $\dfrac{3W}{V}$

③ $\dfrac{W}{\sqrt{3}\,V}$

④ $\dfrac{2W}{\sqrt{3}\,V}$

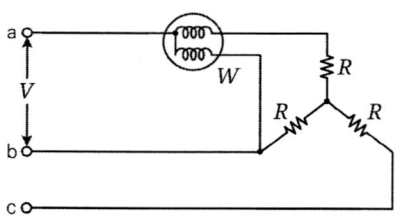

해설 22

주의할 점은 본 문제는 전력계가 1대만 설치되어 있지만 3상 전력을 측정할 때에는 단상 전력계가 최소한 2대가 있어야 하므로 문제 풀이할 때는 2 전력계법으로 생각하여 풀어야 한다. 즉,

- $P = W+W = 2W = \sqrt{3}\,VI\cos\theta \Rightarrow \therefore I = \dfrac{2W}{\sqrt{3}\,V\cos\theta} = \dfrac{2W}{\sqrt{3}\,V\times 1} = \dfrac{2W}{\sqrt{3}\,V}[A]$

(저항 부하인 경우 : 역률 $\cos\theta = 1\ (100[\%])$)

[답] ④

23. 대칭 3상 전압을 공급한 3상 유도 전동기에서 각 계기의 지시는 다음과 같다. 유도 전동기의 역률은?
(단, $W_1 = 2.36[\text{kW}]$, $W_2 = 5.95[\text{kW}]$, $V = 200[\text{V}]$, $A = 30[\text{A}]$이다.)

① 0.6
② 0.8
③ 0.65
④ 0.86

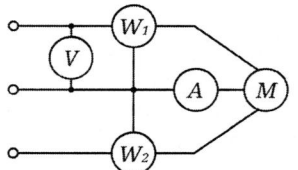

해설 23

- $P = W_1 + W_2 = 2360 + 5950 = 8310[\text{W}]$
- $P_a = \sqrt{3}\,VI = \sqrt{3} \times 200 \times 30 = 10392[\text{VA}]$

$\therefore \cos\theta = \dfrac{P}{P_a} = \dfrac{8310}{10392} = 0.8$

[답] ②

24. 그림과 같이 전류계 A_1, A_2, A_3, $25[\Omega]$의 저항 R를 접속하였더니, 전류계의 지시는 $A_1 = 10[\text{A}]$, $A_2 = 4[\text{A}]$, $A_3 = 7[\text{A}]$이다. 부하의 전력[W]과 역률을 구하면?

① $P = 437.5$, $\cos\theta = 0.625$
② $P = 437.5$, $\cos\theta = 0.547$
③ $P = 487.5$, $\cos\theta = 0.647$
④ $P = 507.5$, $\cos\theta = 0.747$

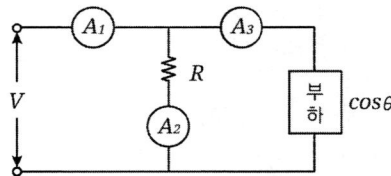

해설 24

- $P = \dfrac{R}{2}\left(I_1^2 - I_2^2 - I_3^2\right) = \dfrac{25}{2}(10^2 - 4^2 - 7^2) = 437.5[\text{W}]$
- $\cos\theta = \dfrac{I_1^2 - I_2^2 - I_3^2}{2\,I_2\,I_3} = \dfrac{10^2 - 4^2 - 7^2}{2 \times 4 \times 7} = 0.625$

[답] ①

25. 한 상의 임피던스가 $3+j4\,[\Omega]$인 평형 △ 부하에 대칭인 선간 전압 200[V]를 가할 때 3상 전력은 몇 [kW]인가?

① 9.6 ② 12.5 ③ 14.4 ④ 20.5

해설 25

(1) 우선, 상전류를 구해보면,

- $I_p = \dfrac{V_p}{Z_p} = \dfrac{200}{\sqrt{3^2+4^2}} = 40\,[\text{A}]$

(2) 따라서, 3상 전력은,

- $P = 3I_p^2 R = 3 \times 40^2 \times 3 = 14{,}400\,[\text{W}] = 14.4\,[\text{kW}]$

[답] ③

26. 부하 단자 전압이 220[V]인 15[kW]의 3상 대칭 부하에 3상 전력을 공급하는 선로 임피던스가 $3+j2\,[\Omega]$일 때, 부하가 뒤진 역률 60[%]이면 선전류 [A]는?

① 약 $26.2 - j19.7$
② 약 $39.36 - j52.48$
③ 약 $39.39 - j29.54$
④ 약 $19.7 - j26.4$

해설 26

(1) 우선 선전류의 크기는,

- $P = \sqrt{3}\,VI\cos\theta \;\Rightarrow\; \therefore I = \dfrac{P}{\sqrt{3}\,V\cos\theta} = \dfrac{15000}{\sqrt{3}\times 220\times 0.6} = 65.6\,[\text{A}]$

(2) 위에서 구한 선전류를 벡터로 표현하면,

- $\dot{I} = I\angle -\theta = I(\cos\theta - j\sin\theta) = 65.6\times(0.6 - j0.8) = 39.36 - j52.48\,[\text{A}]$
  ($-\theta$ 인 이유 : 문제에서 부하가 뒤진(지상) 역률이라고 하였으므로)

[답] ②

27. 3상 유도 전동기의 출력이 5[HP], 전압 200[V], 효율 90[%], 역률 85[%]일 때, 이 전동기에 유입되는 선전류는 약 몇 [A]인가?

① 4　　　　② 6　　　　③ 8　　　　④ 14

해설 27

- $P = \sqrt{3}\, VI\cos\theta\, \eta \Rightarrow \therefore I = \dfrac{P}{\sqrt{3}\, V\cos\theta\, \eta} = \dfrac{5 \times 746}{\sqrt{3} \times 200 \times 0.85 \times 0.9} = 14[A]$

($\therefore$ 1[HP] = 746[W])

[답] ④

28. △ 결선된 부하를 Y 결선으로 바꾸면 소비 전력은 어떻게 되겠는가? (단, 선간 전압은 일정하다.)

① 3배　　　　② 9배　　　　③ $\dfrac{1}{9}$ 배　　　　④ $\dfrac{1}{3}$ 배

해설 28

(1) △ 결선 부하에서 소비되는 전력은,

- $P_\triangle = 3I_p^2 R = 3\left(\dfrac{V_p}{R}\right)^2 \times R = 3\left(\dfrac{V_l}{R}\right)^2 \times R = \dfrac{3V_l^2}{R}[W]$

(2) Y 결선 부하에서 소비되는 전력은,

- $P_Y = 3I_p^2 R = 3\left(\dfrac{V_p}{R}\right)^2 \times R = 3\left(\dfrac{\frac{V_l}{\sqrt{3}}}{R}\right)^2 \times R = \dfrac{V_l^2}{R}[W]$

(3) 따라서, △ 결선된 부하를 Y 결선으로 바꾸면 소비 전력은 $\dfrac{1}{3}$ 로 감소한다.

(별해) △ 결선 회로를 Y 결선 회로로 변경할 경우 회로의 모든 요소는 $\dfrac{1}{3}$[배]로 감소한다. 즉, ① $R_Y = \dfrac{1}{3}R_\triangle[\Omega]$, ② $I_Y = \dfrac{1}{3}I_\triangle[A]$, ③ $P_Y = \dfrac{1}{3}P_\triangle[W]$

[답] ④

29. 그림의 3상 Y결선 회로에서 소비하는 전력[W]은?

① 3072
② 1536
③ 768
④ 512

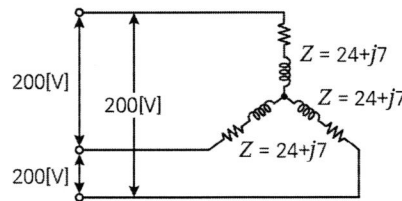

해설 29

- $P = 3I^2 R = 3\left(\dfrac{V_p}{Z_p}\right)^2 R = 3 \times \left(\dfrac{\frac{200}{\sqrt{3}}}{\sqrt{24^2 + 7^2}}\right)^2 \times 24 = 1536[W]$

[답] ②

---

30. 3상 평형 부하에 선간 전압 200[V]의 평형 3상 정현파 전압을 인가했을 때 선전류는 8.6[A]가 흐르고 무효 전력이 1788[Var]이었다. 역률은 얼마인가?

① 0.6   ② 0.7   ③ 0.8   ④ 0.9

해설 30

(1) 우선, 무효율부터 구해보면,

- $P_a = \sqrt{3}\, VI = \sqrt{3} \times 200 \times 8.6 = 2980[VA]$
- $Q = P_a \sin\theta$ ⇒ $\therefore \sin\theta = \dfrac{Q}{P_a} = \dfrac{1788}{2980} = 0.6$

(2) 따라서, 역률은,

- $\cos\theta = \sqrt{1 - \cos^2\theta} = \sqrt{1 - 0.6^2} = 0.8$

(참고)

- $\cos\theta = 0.8$ ⇒ $\sin\theta = 0.6$
- $\cos\theta = 0.6$ ⇒ $\sin\theta = 0.8$
- $\cos\theta = 1$ ⇒ $\sin\theta = 0$
- $\cos\theta = 0$ ⇒ $\sin\theta = 1$

[답] ③

31. V 결선 변압기 이용률[%]은?

① 57.7 ② 86.6 ③ 80 ④ 100

해설 31

(1) 출력 비 (△ 결선 출력과 V 결선 출력 비교) :
- $\dfrac{P_v}{P_\triangle} = \dfrac{\sqrt{3}\,P}{3P} = \dfrac{1}{\sqrt{3}} = 0.577$ (∴ 57.7[%])

(2) 이용률 (V 결선 출력 비교) :
- $\dfrac{\text{실제출력}}{\text{이론출력}} = \dfrac{\sqrt{3}\,P}{2P} = \dfrac{\sqrt{3}}{2} = 0.866$ (∴ 86.6[%])

[답] ②

32. 단상 변압기 3대(50[kVA]×3)를 △ 결선으로 운전 중 한 대가 고장이 생겨 V 결선으로 한 경우 출력은 몇 [kVA]인가?

① $30\sqrt{3}$ ② $50\sqrt{3}$
③ $100\sqrt{3}$ ④ $200\sqrt{3}$

해설 32

- $P_v = \sqrt{3}\,P = \sqrt{3} \times 50 = 50\sqrt{3}\,[\text{kVA}]$

[답] ②

33. 10[kVA]의 변압기 2대로 공급할 수 있는 최대 3상 전력[kVA]은?

① 20 ② 17.3 ③ 14.1 ④ 10

해설 33

- $P_v = \sqrt{3}\,P = \sqrt{3} \times 10 = 17.3\,[kVA]$

[답] ②

34. 대칭 좌표법에서 사용되는 용어 중 3상에 공통인 성분을 표시하는 것은?
   ① 정상분　　② 영상분　　③ 역상분　　④ 공통분

   해설 34
   (1) 3상 전압을 대칭분으로 표현해보면,
   - $V_a = V_0 + V_1 + V_2$
   - $V_b = V_0 + a^2 V_1 + a V_2$
   - $V_c = V_0 + a V_1 + a^2 V_2$

   (2) 따라서, 3상에 공통인 성분은 영상분(V_0)이다.

   [답] ②

35. 3상 3선식에서 회로의 평형, 불평형 또는 부하의 △, Y에 불구하고, 세 선전류의 합은 0이므로 선전류의 (　)은 0이다. 다음에서 (　)안에 들어갈 말은?
   ① 영상분　　② 정상분　　③ 역상분　　④ 상전압

   해설 35
   영상 전류(I_0)는 반드시 접지선이 구성되어 있는 회로에만 흐르는 특성이 있으므로, 3상 3선식은 비접지 회로로서, 영상 전류가 흐를 수 없다.

   [답] ①

36. 3상 △ 부하에서 각 선전류를 I_a, I_b, I_c라 하면 전류의 영상분은?
   ① ∞　　② -1　　③ 1　　④ 0

   해설 36
   영상 전류(I_0)는 반드시 접지선이 구성되어 있는 회로에만 흐르는 특성이 있으므로, 3상 △ 부하는 비접지 회로로서, 영상 전류가 흐를 수 없다.

   [답] ④

37. 불평형 회로에서 영상분이 존재하는 3상 회로 구성은?

① △-△ 결선의 3상 3선식 ② △-Y 결선의 3상 3선식
③ Y-Y 결선의 3상 3선식 ④ Y-Y 결선의 3상 4선식

해설 37

영상 전류(I_0)는 반드시 접지선이 구성되어 있는 회로에만 흐르는 특성이 있으므로, Y-Y 결선의 3상 4선식만이 접지 회로이므로 영상분이 존재하는 회로 구성이다.

[답] ④

38. 비접지 3상 Y 부하의 각 선에 흐르는 비대칭 각 선전류를 I_a, I_b, I_c라 할 때 전류의 영상분 I_0는?

① $I_a + I_b$ ② $I_a + I_b + I_c$ ③ $\frac{1}{3}(I_a + I_b + I_c)$ ④ 0

해설 38

영상 전류(I_0)는 반드시 접지선이 구성되어 있는 회로에만 흐르는 특성이 있으므로, 비접지 3상 회로로서, 영상 전류가 흐를 수 없다.

[답] ④

39. 3상 부하가 Y 결선으로 되었다. 각 상의 임피던스가 각각 $Z_a = 3[\Omega]$, $Z_b = 3[\Omega]$, $Z_c = j3[\Omega]$이다. 이 부하의 영상 임피던스[Ω]는?

① $6 + j3$ ② $3 + j3$ ③ $3 + j6$ ④ $2 + j$

해설 39

- $Z_0 = \frac{1}{3}(Z_a + Z_b + Z_c) = \frac{1}{3}(3 + 3 + j3) = 2 + j1[\Omega]$

[답] ④

40. 3상 불평형 전압에서 불평형률이란?

① $\dfrac{역상\,전압}{영상\,전압} \times 100$ ② $\dfrac{정상\,전압}{역상\,전압} \times 100$

③ $\dfrac{역상\,전압}{정상\,전압} \times 100$ ④ $\dfrac{영상\,전압}{정상\,전압} \times 100$

해설 40

3상 평형을 불평형으로 만드는 성분은 역상분(V_2, I_2)이므로 불평형률은 다음과 같이 표현된다.

- $\dfrac{역상\,전압}{정상\,전압} \times 100[\%] = \dfrac{V_2}{V_1} \times 100[\%] = \dfrac{I_2}{I_1} \times 100[\%]$

[답] ③

Chapter 08

비정현파 교류

01. 비정현파의 전압 및 전류 실효값

02. 비정현파의 전력 계산

03. 고조파에서의 임피던스 변화

04. 푸리에 급수

- 적중실전문제

Chapter 08 비정현파 교류

01 비정현파의 전압 및 전류 실효값

1) 비정현파의 정의
   (1) 정현파가 여러 가지 원인으로 인하여 일그러진 파형을 말한다.
   (2) 비정현파가 포함된 전원의 순시값 표현
   - $v(t) = V_0 + \sqrt{2}\,V_1 \sin\omega t + \sqrt{2}\,V_2 \sin 2\omega t + \sqrt{2}\,V_3 \sin 3\omega t + \cdots\,[\mathrm{V}]$
   ① V_0 : 직류 실효값 (직류는 실효값, 평균값, 최대값이 모두 같다.)
   ② V_1 : 정현파(기본파) 실효값
   ③ V_2 : 제 2고조파 실효값
   ④ V_3 : 제 3고조파 실효값

2) 비정현파의 전압(실효값) 크기 계산 방법
   - $V = \sqrt{V_0^2 + V_1^2 + V_2^2 + V_3^2 + \cdots}\,[\mathrm{V}]$

3) 비정현파의 전류(실효값) 크기 계산 방법
   - $I = \sqrt{I_0^2 + I_1^2 + I_2^2 + I_3^2 + \cdots}\,[\mathrm{A}]$

예제 1

비정현파 전압 $v = \sqrt{2}\,100\sin\omega t + \sqrt{2}\,50\sin 2\omega t + \sqrt{2}\,30\sin 3\omega t\,[\mathrm{V}]$일 때 실효 전압[V]은?

① $100 + 50 + 30 = 180$
② $\sqrt{100 + 50 + 30} = 13.4$
③ $\sqrt{100^2 + 50^2 + 30^2} = 115.8$
④ $\dfrac{\sqrt{100^2 + 50^2 + 30^2}}{3} = 38.6$

【해설】
비정현파 교류의 실효값은 $V = \sqrt{V_0^2 + V_1^2 + V_2^2 + V_3^2 + \cdots}\,[\mathrm{V}]$와 같이 계산하여야 하므로,
$V = \sqrt{100^2 + 50^2 + 30^2} = 115.8\,[\mathrm{V}]$

[답] ③

02 비정현파의 전력 계산

1) 각각의 전력 계산법
   - $v(t) = V_0 + \sqrt{2}\, V_1 \sin(\omega t + \theta_1) + \sqrt{2}\, V_3 \sin(3\omega t + \theta_3)[\mathrm{V}]$
   - $i(t) = I_0 + \sqrt{2}\, I_1 \sin(\omega t + \varnothing_1) + \sqrt{2}\, I_2 \sin(2\omega t + \varnothing_2)$
     $+ \sqrt{2}\, I_3 \sin(3\omega t + \varnothing_3)[\mathrm{A}]$

   라 하였을 때,

   (1) 유효 전력
   - $P = VI\cos\theta = V_0 I_0 + V_1 I_1 \cos(\theta_1 - \varnothing_1) + V_3 I_3 \cos(\theta_3 - \varnothing_3)[\mathrm{W}]$

   (2) 무효 전력
   - $Q = VI\sin\theta = V_1 I_1 \sin(\theta_1 - \varnothing_1) + V_3 I_3 \sin(\theta_3 - \varnothing_3)[\mathrm{Var}]$

   (3) 피상 전력
   - $P_a = |V||I| = \sqrt{V_0^2 + V_1^2 + V_3^2} \times \sqrt{I_0^2 + I_1^2 + I_2^2 + I_3^2}\ [\mathrm{VA}]$

2) 역률 및 왜형률 계산법
   (1) 역률
   - $\cos\theta = \dfrac{P}{P_a} = \dfrac{VI\cos\theta}{|V||I|}$

   (2) 왜형률
   - 비정현파에서 기본파에 대해 고조파 성분이 어느 정도 포함되었는가를 나타내는 지표로서, 이는 비정현파가 정현파를 기준으로 하였을 때 얼마나 일그러졌는가를 표시하는 척도가 된다.

     즉, $\quad D = \dfrac{\sqrt{V_2^2 + V_3^2 + V_4^2 + \cdots + V_n^2}}{V_1}$

예제 2

전압 $v = 20\sin\omega t + 30\sin 3\omega t\,[\text{V}]$이고, 전류가 $i = 30\sin\omega t + 20\sin 3\omega t[\text{A}]$인 왜형파 교류 전압과 전류간의 역률은 얼마인가?

① 0.92 ② 0.86 ③ 0.46 ④ 0.43

【해설】

- $P = VI\cos\theta = \dfrac{20}{\sqrt{2}} \times \dfrac{30}{\sqrt{2}} \cos 0° + \dfrac{30}{\sqrt{2}} \times \dfrac{20}{\sqrt{2}} \cos 0° = 600[\text{W}]$

- $P_a = |V||I| = \sqrt{\left(\dfrac{20}{\sqrt{2}}\right)^2 + \left(\dfrac{30}{\sqrt{2}}\right)^2} \times \sqrt{\left(\dfrac{30}{\sqrt{2}}\right)^2 + \left(\dfrac{20}{\sqrt{2}}\right)^2} = 650[\text{VA}]$

$\therefore \cos\theta = \dfrac{P}{P_a} = \dfrac{600}{650} = 0.92$

[답] ①

03 고조파에서의 임피던스 변화

1) $R-L$ 직렬 회로

(1) 기본파 임피던스 : $Z_1 = R + j\omega L\,[\Omega]$

(2) 제 2고조파 임피던스 : $Z_2 = R + j2\omega L\,[\Omega]$

(3) 제 3고조파 임피던스 : $Z_3 = R + j3\omega L\,[\Omega]$

($\therefore R-L$ 직렬 회로에서는 주파수가 증가할수록 임피던스 값이 증가한다.)

2) $R-C$ 직렬 회로

(1) 기본파 임피던스 : $Z_1 = R - j\dfrac{1}{\omega C}\,[\Omega]$

(2) 제 2고조파 임피던스 : $Z_2 = R - j\dfrac{1}{2\omega C}\,[\Omega]$

(3) 제 3고조파 임피던스 : $Z_3 = R - j\dfrac{1}{3\omega C}\,[\Omega]$

($\therefore R-C$ 직렬 회로에서는 주파수가 증가할수록 임피던스 값이 감소한다.)

예제 3

$R-L$ 직렬 회로에
$v = 10 + 100\sqrt{2}\sin\omega t + 50\sqrt{2}\sin(3\omega t + 60°) + 60\sqrt{2}\sin(5\omega t + 30°)$[V]인 전압을 가할 때 제 3고조파 전류의 실효값[A]은? (단, $R = 8[\Omega]$, $\omega L = 2[\Omega]$)

① 1 　　　② 3 　　　③ 5 　　　④ 7

【해설】

(1) 우선, 제 3고조파 임피던스를 구하면,
- $Z_3 = R + j3\omega L = 8 + j3 \times 2 = 8 + j6[\Omega]$ ⇒ ∴ $|Z_3| = \sqrt{8^2 + 6^2} = 10[\Omega]$

(2) 따라서, 제 3고조파 전류는,
- $I_3 = \dfrac{V_3}{Z_3} = \dfrac{50}{10} = 5[A]$

[답] ③

04 푸리에 급수

1) 푸리에 급수의 정의

　(1) 직류 성분, 정현파(기본파) 및 수많은 고조파가 포함되어 있는 비정현파를 수학적으로 표현한 함수를 말한다.

　(2) 푸리에 급수 표현식
- $f(t) = a_0 + a_1 \sin\omega t + a_2 \sin 2\omega t + \cdots + b_1 \cos\omega t + b_2 \cos 2\omega t + \cdots$
$= a_0 + \sum_{n=1}^{\infty} a_n \sin n\omega t + \sum_{n=1}^{\infty} b_n \cos n\omega t$

즉, (비정현파 교류 = 직류분 + 기본파 + 고조파)로 함수식을 표현할 수 있다.

(3) 푸리에 급수 파형의 종류

종류	파형	함수식	성분
여현 대칭		$f(t) = f(-t)$	직류, cos (n=1,2,3,4…)
정현 대칭		$f(t) = -f(-t)$	sin (n=1,2,3,4…)
반파 대칭		$f(t) = -f(t+\pi)$	sin, cos (n=1,3,5…)

예제 4

비정현파 교류를 나타내는 식은?
① 기본파 + 고조파 + 직류분
② 기본파 + 직류분 - 고조파
③ 직류분 + 고조파 - 기본파
④ 교류분 + 기본파 + 고조파

【해설】
푸리에 급수는 비정현파를 함수식으로 표현한 것으로 그 성분은, 직류분 + 기본파 + 고조파

[답] ①

Chapter 08. 비정현파 교류
적중실전문제

1. 비정현파의 실효값은?
    ① 최대파의 실효값
    ② 각 고조파의 실효값의 합
    ③ 각 고조파의 실효값의 합의 제곱근
    ④ 각 고조파의 실효값의 제곱의 합의 제곱근

    해설 1
    비정현파의 실효값 계산 방법은, 각 고조파의 실효값의 제곱의 합의 제곱근으로 구한다. 즉, $V = \sqrt{V_0^2 + V_1^2 + V_2^2 + V_3^2 + \cdots + V_n^2}$ 으로 계산한다.

    [답] ④

2. 그림과 같은 회로에서 $E_d = 14[\text{V}]$, $E_m = 48\sqrt{2}\,[\text{V}]$, $R = 20[\Omega]$ 인 전류의 실효값[A]은?
    ① 약 2.5
    ② 약 2.2
    ③ 약 2.0
    ④ 약 1.5

    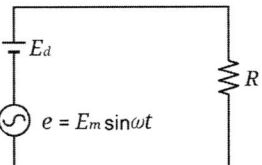

    해설 2
    (1) 우선, 직류 및 정현파 전류 성분을 각각 구하면,
    • $I_d = \dfrac{E_d}{R} = \dfrac{14}{20} = 0.7[\text{A}]$, • $I_1 = \dfrac{V_1}{R} = \dfrac{48}{20} = 2.4[\text{A}]$

    (2) 따라서, 회로 전체의 실효값 전류는,
    • $I = \sqrt{I_d^2 + I_1^2} = \sqrt{0.7^2 + 2.4^2} = 2.5[\text{A}]$

    [답] ①

3. 저항 3[Ω], 유도 리액턴스 4[Ω]인 직렬 회로에
$e = 141.4\sin\omega t + 42.4\sin 3\omega t\,[V]$ 전압 인가 시 전류의 실효값은 몇 [A]인가?

① 20.15　　　② 18.25　　　③ 16.15　　　④ 14.25

해설 3

(1) 기본파 전류는,
- $Z_1 = R + j\omega L = 3 + j4\,[\Omega]$　⇒　$\therefore I_1 = \dfrac{\dfrac{141.4}{\sqrt{2}}}{\sqrt{3^2 + 4^2}} = 20\,[A]$

(2) 제 3고조파 전류는,
- $Z_3 = R + j3\omega L = 3 + j3 \times 4 = 3 + j12\,[\Omega]$　⇒　$\therefore I_3 = \dfrac{\dfrac{42.4}{\sqrt{2}}}{\sqrt{3^2 + 12^2}} = 2.4\,[A]$

(3) 따라서, 회로 전체에 흐르는 전류는,
- $I = \sqrt{I_1^2 + I_3^2} = \sqrt{20^2 + 2.4^2} = 20.15\,[A]$

[답] ①

4. $R-C$ 직렬 회로의 양단에 $e = 50 + 141.4\sin 2\omega t + 212.1\sin 4\omega t\,[V]$인 전압을 인가할 때, 제 2고조파 전류의 실효값은 몇 [A]인가?
(단, $R = 8\,[\Omega]$, $1/\omega C = 12\,[\Omega]$)

① 6　　　② 8　　　③ 10　　　④ 12

해설 4

- $Z_2 = R + \dfrac{1}{j2\omega C} = 8 - j\dfrac{12}{2} = 8 - j6$　⇒　$\therefore |Z_2| = \sqrt{8^2 + 6^2} = 10\,[\Omega]$
- $I_2 = \dfrac{V_2}{Z_2} = \dfrac{100}{10} = 10\,[A]$

[답] ③

5. $R-L$ 직렬 회로에

$e = 10 + 100\sqrt{2}\sin\omega t + 50\sqrt{2}\sin(3\omega t + 60°) + 60\sqrt{2}\sin(5\omega t + 30°)[\text{V}]$ 인 전압을 인가할 때, 제 3고조파 전류의 실효값은 몇 [A]인가?
(단, $R = 8[\Omega]$, $\omega L = 2[\Omega]$이다.)

① 1   ② 3   ③ 5   ④ 7

해설 5

- $Z_3 = R + j3\omega L = 8 + j3 \times 2 = 8 + j6 \Rightarrow \therefore |Z_3| = \sqrt{8^2 + 6^2} = 10[\Omega]$
- $I_3 = \dfrac{V_3}{Z_3} = \dfrac{50}{10} = 5[\text{A}]$

[답] ③

6. $C[\text{F}]$인 용량을 $v = V_1\sin(\omega t + \theta_1) + V_3\sin(3\omega t + \theta_3)[\text{V}]$ 인 전압으로 충전할 때 몇 [A]의 전류(실효값)가 필요한가?

① $\dfrac{1}{\sqrt{2}}\sqrt{V_1^2 + 9V_3^2}$ ② $\dfrac{1}{\sqrt{2}}\sqrt{V_1^2 + V_3^2}$

③ $\dfrac{\omega C}{\sqrt{2}}\sqrt{V_1^2 + 9V_3^2}$ ④ $\dfrac{\omega C}{\sqrt{2}}\sqrt{V_1^2 + V_3^2}$

해설 6

(1) 기본파 전류는,

- $Z_1 = \dfrac{1}{j\omega C} \Rightarrow \therefore I_1 = \dfrac{\frac{V_1}{\sqrt{2}}}{\frac{1}{j\omega C}} = \dfrac{j\omega C V_1}{\sqrt{2}}$

(3) 제 3고조파 전류는,

- $Z_3 = \dfrac{1}{j3\omega C} \Rightarrow \therefore I_3 = \dfrac{\frac{V_3}{\sqrt{2}}}{\frac{1}{j3\omega C}} = \dfrac{j3\omega C V_3}{\sqrt{2}}$

(3) 따라서, 전체 전류의 실효값은,

- $I = \sqrt{I_1^2 + I_3^3} = \sqrt{\left(\dfrac{\omega C V_1}{\sqrt{2}}\right)^2 + \left(\dfrac{3\omega C V_3}{\sqrt{2}}\right)^2} = \dfrac{\omega C}{\sqrt{2}}\sqrt{V_1^2 + 9V_3^2}\,[\text{A}]$

[답] ③

7. 전류가 1[H]의 인덕터를 흐르고 있을 때 인덕터에 축적되는 에너지[J]는 얼마인가? (단, $i = 5 + 10\sqrt{2}\sin100t + 5\sqrt{2}\sin200t$[A]이다.)

① 150 ② 100 ③ 75 ④ 50

해설 7

(1) 우선, 실효값 전류의 크기를 구해보면,
- $I = \sqrt{5^2 + 10^2 + 5^2} = \sqrt{150}$ [A]

(2) 따라서, 인덕터에 축적되는 에너지는,
- $W = \dfrac{1}{2}LI^2 = \dfrac{1}{2} \times 1 \times (\sqrt{150})^2 = 75$[J]

[답] ③

8. 다음 왜형파 전류의 왜형률을 구하면 얼마인가?

$i = 30\sin\omega t + 10\cos3\omega t + 5\sin5\omega t$ [A]

① 약 0.46 ② 약 0.26 ③ 약 0.53 ④ 약 0.37

해설 8

- 왜형률 $D = \dfrac{\sqrt{I_3^2 + I_5^2}}{I_1} = \dfrac{\sqrt{\left(\dfrac{10}{\sqrt{2}}\right)^2 + \left(\dfrac{5}{\sqrt{2}}\right)^2}}{\dfrac{30}{\sqrt{2}}} = \dfrac{\sqrt{10^2 + 5^2}}{30} = 0.37$

[답] ④

9. 기본파의 80[%]인 제 3고조파와 60[%]인 제 5고조파를 포함한 전압파의 왜형률은?

① 1 ② 3 ③ 0.5 ④ 0.8

해설 9

- 왜형률 $D = \dfrac{\sqrt{I_3^2 + I_5^2}}{I_1} = \dfrac{\sqrt{80^2 + 60^2}}{100} = 1$

[답] ①

10. 어떤 교류 회로에 $v = 100\sin\omega t + 20\sin\left(3\omega t + \dfrac{\pi}{3}\right)[V]$인 전압을 가했을 때 이것에 의해 회로에 흐르는 전류가 $i = 40\sin\left(\omega t - \dfrac{\pi}{6}\right) + 5\sin\left(3\omega t + \dfrac{\pi}{12}\right)[V]$라 한다. 이 회로에서 소비되는 전력은 약 몇 [kW]인가?

① 1.27　　　② 1.77　　　③ 1.97　　　④ 2.27

해설 10

- $P = VI\cos\theta = \dfrac{100}{\sqrt{2}} \times \dfrac{40}{\sqrt{2}} \cos(0° - (-30°)) + \dfrac{20}{\sqrt{2}} \times \dfrac{5}{\sqrt{2}} \cos(60° - 15°)$

  $= 1770[W] = 1.77[kW]$

[답] ②

11. $v = 100\sin(\omega t + 30°) - 50\sin(3\omega t + 60°) + 25\sin 5\omega t\,[V]$
$i = 20\sin(\omega t - 30°) + 15\sin(3\omega t + 30°) + 10\cos(5\omega t - 60°)[A]$
위와 같은 식의 비정현파 전압, 전류로부터 전력[W]과 피상 전력[VA]은 얼마인가?

① $P = 283.5,\ P_a = 1542$　　② $P = 385.2,\ P_a = 2021$
③ $P = 404.9,\ P_a = 3284$　　④ $P = 491.3,\ P_a = 4141$

해설 11

- $P = VI\cos\theta = \dfrac{100}{\sqrt{2}} \times \dfrac{20}{\sqrt{2}} \cos(30° - (-30°)) + \dfrac{-15}{\sqrt{2}} \times \dfrac{15}{\sqrt{2}} \cos(60° - 30°)$

  $\qquad + \dfrac{25}{\sqrt{2}} \times \dfrac{10}{\sqrt{2}} \cos(0° - 30°) = 283.5[W]$

- $P_a = |V||I| = \sqrt{\left(\dfrac{100}{\sqrt{2}}\right)^2 + \left(\dfrac{-50}{\sqrt{2}}\right)^2 + \left(\dfrac{25}{\sqrt{2}}\right)^2} \times \sqrt{\left(\dfrac{20}{\sqrt{2}}\right)^2 + \left(\dfrac{15}{\sqrt{2}}\right)^2 + \left(\dfrac{10}{\sqrt{2}}\right)^2}$

  $= 1542[VA]$

[답] ①

12. 10[Ω]의 저항에 흐르는 전류가 $i = 5 + 14.14\sin t + 7.07\sin 2t$[A]일 때 저항에서 소비되는 평균 전력[W]은?

① 2000　　　　② 1500　　　　③ 1000　　　　④ 750

해설 12

(1) 우선, 전류의 실효값 크기는,
- $I = \sqrt{5^2 + \left(\dfrac{14.14}{\sqrt{2}}\right)^2 + \left(\dfrac{7.07}{\sqrt{2}}\right)^2} = \sqrt{150}$ [A]

(2) 따라서, 저항에서 소비되는 전력은,
- $P = I^2 R = (\sqrt{150})^2 \times 10 = 1500$ [W]

[답] ②

13. $R = 8[\Omega]$, $\omega L = 6[\Omega]$의 직렬 회로에 $v = 200\sqrt{2}\sin\omega t + 100\sqrt{2}\sin 3\omega t$[V]를 가했을 때, 이 회로에서 소비되는 전력은 대략 얼마인가?

① 3350[W]　　② 3406[W]　　③ 3250[W]　　④ 3750[W]

해설 13

(1) 우선, 각각 전류 성분의 실효값을 구하면,
- $I_1 = \dfrac{V_1}{Z_1} = \dfrac{200}{\sqrt{8^2 + 6^2}} = 20$[A],　　$I_3 = \dfrac{V_3}{Z_3} = \dfrac{100}{\sqrt{8^2 + (3 \times 6)^2}} = 5$[A]

(2) 따라서, 이 회로 저항에서 소비되는 전력은,
- $P = I^2 R = 20^2 \times 8 + 5^2 \times 8 = 3400$[W]

[답] ②

14. 전압 $v = 20\sin\omega t + 30\sin 3\omega t$[V]이고, 전류가 $i = 30\sin\omega t + 20\sin 3\omega t$[A]인 왜형파 교류 전압과 전류 간의 역률은 얼마인가?

① 0.92　　　　② 0.86　　　　③ 0.46　　　　④ 0.43

해설 14

(1) 우선, 유효 전력과 피상 전력을 구하면,

- $P = VI\cos\theta = \dfrac{20}{\sqrt{2}} \times \dfrac{20}{\sqrt{2}} \cos 0° + \dfrac{30}{\sqrt{2}} \times \dfrac{20}{\sqrt{2}} \cos 0° = 600[\text{W}]$

- $P_a = |V||I| = \sqrt{\left(\dfrac{20}{\sqrt{2}}\right)^2 + \left(\dfrac{30}{\sqrt{2}}\right)^2} \times \sqrt{\left(\dfrac{30}{\sqrt{2}}\right)^2 + \left(\dfrac{20}{\sqrt{2}}\right)^2} = 650[\text{VA}]$

(2) 따라서, 역률은,

- $= \dfrac{P}{P_a} = \dfrac{600}{650} = 0.92 \quad (\therefore 92[\%])$

[답] ①

---

15. 비정현파를 여러 개의 정현파의 합으로 표시하는 방법은?

① 키르히호프의 법칙　　② 노튼의 정리
③ 푸리에 분석　　　　　④ 테일러의 분석

해설 15

푸리에 급수 : 교류 파형의 주파수와 진폭이 다른 무수히 많은 성분을 갖는 비정현파를 수학적으로 해석하는 수학적 함수 해석 기법

[답] ③

---

16. 주기적인 구형파의 신호는 그 주파수 성분이 어떻게 되는가?

① 무수히 많은 주파수의 성분을 가진다.
② 주파수 성분을 갖지 않는다.
③ 직류분만으로 구성된다.
④ 교류 합성을 갖지 않는다.

해설 16

구형파는 정현파 뿐만 아니라 여러 가지 고조파 성분이 중첩되어 얻어지는 파형이다.

[답] ①

17. 비정현파에 있어서 정현 대칭의 조건은?

① $f(t) = f(-t)$ ② $f(t) = -f(-t)$

③ $f(t) = -f(t)$ ④ $f(t) = -f\left(t + \dfrac{T}{2}\right)$

해설 17

정현 대칭파는 시간(t) 및 함수 $f(t)$에 대해서 대칭인 파형으로서, $f(t) = -f(-t)$의 함수식으로 표현된다. 이때 존재하는 함수 성분은 sin 함수이다.

[답] ②

18. 그림과 같은 파형을 실수 푸리에 급수로 전개할 때에는?

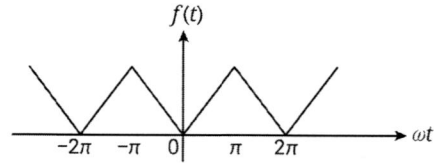

① sin 항은 없다.
② cos 항은 없다.
③ sin 항, cos 항 모두 있다.
④ sin 항, cos 항을 쓰면 유한수의 항으로 전개된다.

해설 18

문제에 주어진 파형은 시간축에만 대칭이 되는 파형으로서 여현 대칭파에 속하며, 함수식으로 표현하면 $f(t) = f(-t)$가 되고, 이에 대한 함수는 직류(DC) 성분과 cos 성분이 존재한다.

[답] ①

19. 그림과 같은 삼각파를 푸리에 급수로 전개하면?

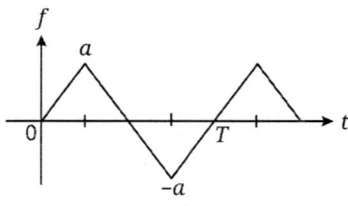

① 반파 정현 대칭으로 기수파만 포함한다.
② 반파 정현 대칭으로 우수파만 포함한다.
③ 반파 여현 대칭으로 기수파만 포함한다.
④ 반파 여현 대칭으로 우수파만 포함한다.

해설 19
반파 및 정현 대칭파이므로 홀수항의 기수파(sin) 성분만 존재한다.

[답] ①

20. 그림과 같은 파형을 푸리에 급수로 전개하면?

① $\dfrac{A}{\pi} + \dfrac{\sin 2x}{2} + \dfrac{\sin 4x}{4} + \cdots$

② $\dfrac{4A}{\pi}\left(\sin\alpha \sin x + \dfrac{1}{9}\sin 3\alpha \sin 3x + \cdots\right)$

③ $\dfrac{4A}{\pi}\left(\sin x + \dfrac{1}{3}\sin 3x + \dfrac{1}{5}\sin 5x + \cdots\right)$

④ $\dfrac{4}{\pi}\left(\dfrac{\cos 2x}{1\times 3} + \dfrac{\cos 4x}{3\times 5} + \dfrac{\cos 6x}{5\times 7} + \cdots\right)$

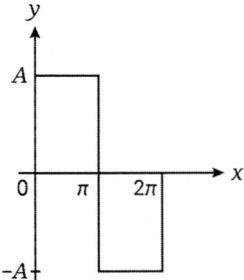

해설 20
반파 및 정현 대칭파이므로 홀수항의 기수파(sin) 성분만 존재한다.

[답] ③

21. 그림과 같은 반파 정류파를 푸리에 급수로 전개할 때 직류분은?

① V_m
② $\dfrac{V_m}{2}$
③ $\dfrac{\pi}{2}$
④ $\dfrac{V_m}{\pi}$

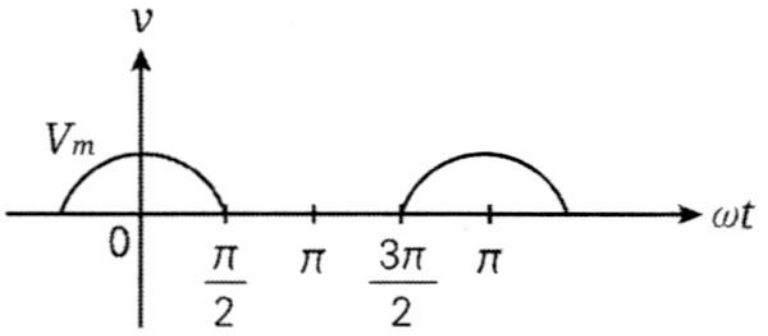

해설 21

푸리에 급수로 전개해서 직류분을 구한다는 것은 교류의 평균값을 구한다는 의미이므로, 문제에 주어진 반파 정류파의 평균값은, · $V_a = \dfrac{V_m}{\pi}$[V]

[답] ④

22. ωt가 0에서 π까지 $i = 10$[A], π에서 2π까지는 $i = 0$[A]인 파형을 푸리에 급수로 전개하면 a_0는?

① 14.14
② 10
③ 7.05
④ 5

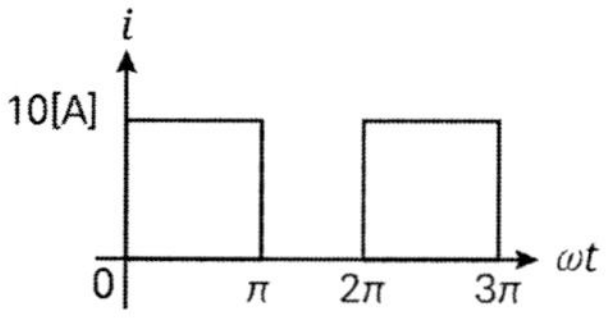

해설 22

푸리에 급수로 전개해서 a_0(직류항)을 구한다는 것은 교류의 평균값을 구한다는 의미이므로, 문제에 주어진 반파 구형파의 평균값은, · $I_a = \dfrac{I_m}{2} = \dfrac{10}{2} = 5$[A]

[답] ④

23. $R - L - C$ 직렬 공진 회로에서 제 n 고조파의 공진 주파수 f_n[Hz]은?

① $\dfrac{1}{2\pi\sqrt{LC}}$
② $\dfrac{1}{2\pi\sqrt{nLC}}$
③ $\dfrac{1}{2\pi n\sqrt{LC}}$
④ $\dfrac{1}{2\pi n^2\sqrt{LC}}$

해설 23

(1) 정현파 교류(기본파)에서의 공진 조건과 공진 주파수는,

- $\omega L = \dfrac{1}{\omega C} \quad \Rightarrow \quad \therefore f = \dfrac{1}{2\pi\sqrt{LC}}\,[\text{Hz}]$

(2) n차 고조파에서의 공진 조건과 공진 주파수는,

- $n\omega L = \dfrac{1}{n\omega C} \quad \Rightarrow \quad \therefore f = \dfrac{1}{2\pi n\sqrt{LC}}\,[\text{Hz}]$

[답] ③

24. 일반적으로 대칭 3상 회로의 전압, 전류에 포함되는 전압, 전류의 고조파는 n을 임의의 정수로 하여 $(3n+1)$일 때의 상회전은 어떻게 되는가?

① 정지 상태
② 각 상 동위상
③ 상회전은 기본파와 반대
④ 상회전은 기본파와 동일

해설 24

고조파의 위상 특성
(1) $3n$ 고조파 $(3, 6, 9, \cdots)$: 항상 위상이 $0°$
(2) $3n+1$ 고조파 $(4, 7, 10, \cdots)$: 항상 위상이 기본파와 동일한 상회전 방향
(3) $3n-1$ 고조파 $(2, 5, 8, \cdots)$: 항상 위상이 기본파와 반대인 상회전 방향

[답] ④

25. 3상 교류 대칭 전압에 포함되는 고조파 중에서 상회전이 기본파에 대하여 같은 방향인 것은?

① 제 3고조파
② 제 5고조파
③ 제 7고조파
④ 제 9고조파

해설 25

고조파의 위상 특성
(1) $3n$ 고조파 $(3, 6, 9, \cdots)$: 항상 위상이 $0°$
(2) $3n+1$ 고조파 $(4, 7, 10, \cdots)$: 항상 위상이 기본파와 동일한 상회전 방향
(3) $3n-1$ 고조파 $(2, 5, 8, \cdots)$: 항상 위상이 기본파와 반대인 상회전 방향

[답] ③

26. 3상 교류 대칭 전압에 포함되는 고조파 중에서 상회전이 기본파에 대하여 반대인 것은?

① 제 3고조파　　　　② 제 5고조파
③ 제 7고조파　　　　④ 제 9고조파

해설 26

고조파의 위상 특성
(1) $3n$ 고조파 $(3, 6, 9, \cdots)$: 항상 위상이 $0°$
(2) $3n+1$ 고조파 $(4, 7, 10, \cdots)$: 항상 위상이 기본파와 동일한 상회전 방향
(3) $3n-1$ 고조파 $(2, 5, 8, \cdots)$: 항상 위상이 기본파와 반대인 상회전 방향

[답] ②

Chapter 09

2단자 회로망

01. 2단자 회로망의 해석

02. 영점 및 극점

03. 정저항 회로

- 적중실전문제

Chapter 09 2단자 회로망

01 2단자 회로망의 해석

1) 2단자 회로망

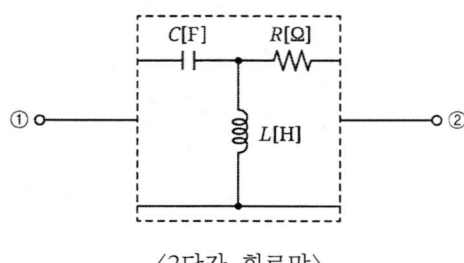

〈2단자 회로망〉

(1) 회로망을 2개의 인출 단자로 뽑아내어 해석한 회로망이다.
(2) 구동점 임피던스 : 어느 회로 소자에 전원을 인가한 상태에서의 임피던스

2) 회로 소자의 임피던스 ($Z[\Omega]$)

(1) 저항

- $Z = R\,[\Omega]$

(2) 인덕턴스

- $Z = j\omega L = Ls\,[\Omega]$

(3) 정전용량

- $Z = \dfrac{1}{j\omega C} = \dfrac{1}{Cs}\,[\Omega]$

예제 1

그림과 같은 2단자망의 구동점 임피던스는 얼마인가? (단, $s = j\omega$ 이다.)

① $\dfrac{s}{s^2+1}$ ② $\dfrac{1}{s^2+1}$

③ $\dfrac{2s}{s^2+1}$ ④ $\dfrac{3s}{s^2+1}$

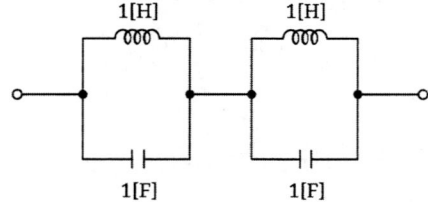

【해설】

(1) 우선, 문제에 주어진 회로 소자의 각각의 값들을 임피던스 값으로 바꾸면,

- $Z_L = j\omega L = sL = s \times 1 = s\,[\Omega]$
- $Z_c = \dfrac{1}{j\omega C} = \dfrac{1}{sC} = \dfrac{1}{s \times 1} = \dfrac{1}{s}\,[\Omega]$

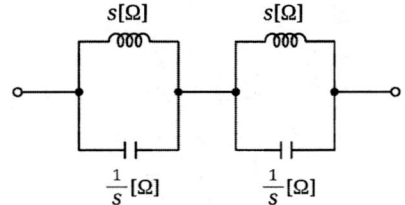

(2) 따라서, 2단자 회로망의 전체 합성 임피던스는

- $Z = \dfrac{s \times \dfrac{1}{s}}{s + \dfrac{1}{s}} + \dfrac{s \times \dfrac{1}{s}}{s + \dfrac{1}{s}} = \dfrac{s}{s^2+1} + \dfrac{s}{s^2+1} = \dfrac{2s}{s^2+1}$

[답] ③

02 영점 및 극점

1) 영점과 극점의 의미
- $Z = \dfrac{s+1}{(s+2)(s+3)}\,[\Omega]$

(1) 영점

어떤 회로의 임피던스 값을 $0[\Omega]$이 되도록 하는 함수의 값. 즉, 위의 임피던스 함수에서 $s=-1$이면 임피던스 값이 $0[\Omega]$이 되므로 영점은 -1 지점이다.

(2) 극점

어떤 회로의 임피던스 값을 $\infty[\Omega]$이 되도록 하는 함수의 값. 즉, 위의 임피던스 함수에서 $s=-2$, 또는 $s=-3$이면 임피던스 값이 $\infty[\Omega]$이 되므로 극점은 -2과 -3 지점이다.

2) 영점과 극점이 회로망에서 하는 역할
(1) 영점 : 임피던스 값이 $0[\Omega]$이므로 회로망을 단락한 상태가 된다.
(2) 극점 : 임피던스 값이 $\infty[\Omega]$이므로 회로망을 개방한 상태가 된다.

예제 2

구동점 임피던스에 있어서 영점(zero)은?
① 전류가 흐르지 않는 경우이다.　② 회로를 개방한 것과 같다.
③ 회로를 단락한 것과 같다.　　　④ 전압이 가장 큰 상태이다.

【해설】
영점과 극점의 회로망에서 갖는 의미 :
(1) 영점 : 임피던스 값이 $0[\Omega]$이므로 회로망을 단락한 상태가 된다.
(1) 극점 : 임피던스 값이 $\infty[\Omega]$이므로 회로망을 개방한 상태가 된다.

[답] ③

03 정저항 회로

1) 정저항 회로의 정의
$R-L-C$ 직·병렬 2단자 회로망에 있어서 정저항 조건에서 회로망의 동작이 주파수에 관계없이 항상 일정한 순저항 회로로 동작하는 회로를 정저항 회로라고 한다.

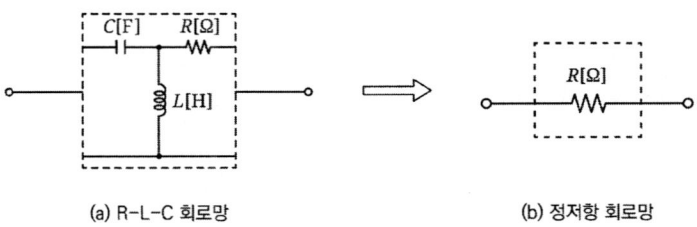

(a) R-L-C 회로망   (b) 정저항 회로망

2) 정저항 회로 조건

- $R^2 = Z_1 Z_2 = \dfrac{L}{C}$

단, $Z_1 = j\omega L$, $Z_2 = \dfrac{1}{j\omega C}$

예제 3

2단자 임피던스의 허수부가 어떤 주파수에 관해서도 언제나 0이 되고 실수부도 주파수에 무관하게 항상 일정하게 되는 회로는?
① 정인덕턴스 회로   ② 정임피던스 회로
③ 정리액턴스 회로   ④ 정저항 회로

【해설】
정저항 회로 : $R^2 = \dfrac{L}{C}$ 의 조건에서 회로에 인가한 주파수와 상관없이 임피던스 값이 항상 일정하게 동작하는 회로

[답] ④

Chapter 09. 2단자 회로망

적중실전문제

1. 그림과 같은 2단자망에서 구동점 임피던스를 구하면?

① $\dfrac{6s^2+1}{s(s^2+1)}$ ② $\dfrac{6s+1}{6s^2+1}$

③ $\dfrac{6s^2+1}{(s+1)(s+2)}$ ④ $\dfrac{s+1}{6s(s+1)}$

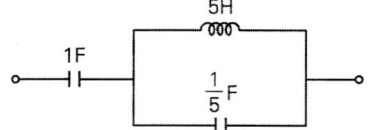

해설 1

(1) 우선, 각각의 소자에 대한 임피던스는,
- $Z_L = j\omega L = sL = s \times 5 = 5s\,[\Omega]$,
- $Z_{c1} = \dfrac{1}{j\omega C} = \dfrac{1}{sC} = \dfrac{1}{s \times 1} = \dfrac{1}{s}\,[\Omega]$,
- $Z_{c2} = \dfrac{1}{j\omega C} = \dfrac{1}{sC} = \dfrac{1}{s \times \frac{1}{5}} = \dfrac{5}{s}\,[\Omega]$

(2) 따라서, 2단자 회로망의 전체 합성 임피던스는,
- $Z = \dfrac{1}{s} + \dfrac{5s \times \frac{5}{s}}{5s + \frac{5}{s}} = \dfrac{1}{s} + \dfrac{5s}{s^2+1} = \dfrac{s^2+1+5s \times s}{s(s^2+1)} = \dfrac{6s^2+1}{s(s^2+1)}\,[\Omega]$

[답] ①

2. 그림과 같은 회로의 2단자 임피던스 $Z(s)$는? (단, $s = j\omega$라 한다.)

① $\dfrac{s^3+1}{3s^2(s+1)}$ ② $\dfrac{3s^2(s+1)}{s^3+1}$

③ $\dfrac{s(3s^2+1)}{s^4+2s^2+1}$ ④ $\dfrac{s^4+4s^2+1}{s(3s^2+1)}$

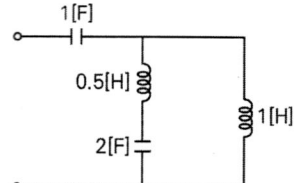

해설 2

$Z = \dfrac{1}{s} + \dfrac{\left(0.5s+\frac{1}{2s}\right) \times s}{\left(0.5s+\frac{1}{2s}\right)+s} = \dfrac{1}{s} + \dfrac{(s^2+1) \times s}{s^2+1+2s^2} = \dfrac{3s^2+1+s^4+s^2}{s(3s^2+1)}$

$= \dfrac{s^4+4s^2+1}{s(3s^2+1)}$

[답] ④

3. 구동점 임피던스 함수에 있어서 극점(pole)은?
① 단락 회로 상태를 의미한다.
② 개방 회로 상태를 의미한다.
③ 아무 상태도 아니다.
④ 전류가 많이 흐르는 상태를 의미한다.

해설 3
영점과 극점의 회로망에서 갖는 의미 :
(1) 영점 : 임피던스 값이 0[Ω]이므로 회로망을 단락한 상태가 된다.
(1) 극점 : 임피던스 값이 ∞[Ω]이므로 회로망을 개방한 상태가 된다.

[답] ②

4. 2단자 임피던스 함수 $Z(s)$가 $Z(s) = \dfrac{(s+1)(s+2)}{(s+3)(s+4)}$ 일 때, 영점(zero)과 극점(pole)을 옳게 표시한 것은?
① 영점 : -1, -2   극점 : -3, -4
② 영점 : 1, 2   극점 : 3, 4
③ 영점 : 없다.   극점 : -1, -2, -3, -4
④ 영점 : -1, -2, -3, -4   극점 : 없다.

해설 4
(1) 영점
 • 어떤 회로의 임피던스 값을 0[Ω]이 되도록 하는 함수의 값. 즉, 문제의 임피던스 함수에서 $s = -1, -2$ 이면 임피던스 값이 0[Ω]이 되므로 영점은 -1, -2 지점이다.

(2) 극점
 • 어떤 회로의 임피던스 값을 ∞[Ω]이 되도록 하는 함수의 값. 즉, 위의 임피던스 함수에서 $s = -3, -4$ 이면 임피던스 값이 ∞[Ω]이 되므로 극점은 -3과 -4 지점이다.

[답] ①

5. 그림과 같은 유한 영역에서 극, 영점 분포를 가진 2단자 회로망의 구동점 임피던스는? (단, 환산 계수는 H라 한다.)

① $\dfrac{Hs(s+b)}{(s+a)}$ ② $\dfrac{H(s+b)}{s(s+a)}$

③ $\dfrac{s(s+b)}{H(s+a)}$ ④ $\dfrac{s(s+b)}{H(s+a)}$

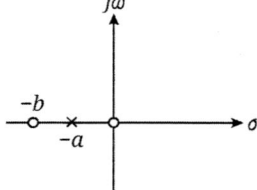

해설 5

문제에 주어진 그림에서 영점은 $0, -b$이고, 극점은 $-a$ 지점이면서 구동점 임피던스 환산 계수가 H라고 주어졌으므로 구동점 임피던스는,

- $Z(s) = \dfrac{s(s+b)}{s+a} \times H = \dfrac{Hs(s+b)}{s+a}$

[답] ①

6. 임피던스 함수 $Z(s) = \dfrac{s+50}{s^2+3s+2}\,[\Omega]$으로 주어지는 2단자 회로망에 직류 100[V]의 전압을 가했다면 회로의 전류는 몇 [A]인가?

① 4   ② 6   ③ 8   ④ 10

해설 6

(1) 직류를 가한 상태에서의 구동점 임피던스를 구해보면,

- $Z(j\omega) = \left| \dfrac{j\omega+50}{(j\omega)^2+3(j\omega)+2} \right|_{\omega=2\pi f=0} = \dfrac{50}{2} = 25[\Omega]$

(2) 따라서, 회로에 흐르는 전류는,

- $I = \dfrac{V}{Z} = \dfrac{100}{25} = 4[A]$

[답] ①

7. 그림과 같은 회로가 정저항 회로가 되기 위한 R의 값은 얼마인가?

① $200[\Omega]$
② $2[\Omega]$
③ $2 \times 10^{-2}[\Omega]$
④ $2 \times 10^{-4}[\Omega]$

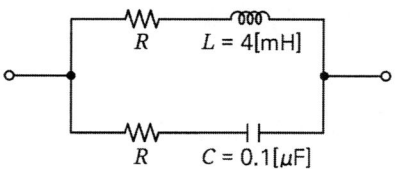

해설 7

정저항 회로 관계식 $R^2 = \dfrac{L}{C}$ 에서, $R = \sqrt{\dfrac{L}{C}} = \sqrt{\dfrac{4 \times 10^{-3}}{0.1 \times 10^{-6}}} = 200[\Omega]$

[답] ①

8. 그림에서 회로가 주파수에 관계없이 일정한 임피던스를 갖도록 C의 값$[\mu F]$을 결정하면?

① 20
② 10
③ 2.454
④ 0.24

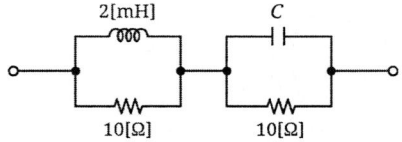

해설 8

정저항 회로 관계식 $R^2 = \dfrac{L}{C}$ 에서,

- $C = \dfrac{L}{R^2} = \dfrac{2 \times 10^{-3}}{10^2} = 20 \times 10^{-6}[\text{F}] = 20[\mu\text{F}]$

[답] ①

9. 그림 (a)와 그림 (b)가 역회로 관계에 있으려면 L의 값[mH]은?
(단, $K^2 = 2,000$ 이다.)

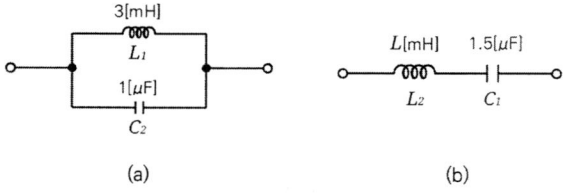

① 1.5×10^9 ② 2×10^6 ③ 3 ④ 2

해설 9

역회로 관계식 $\dfrac{L_1}{C_1} = \dfrac{L_2}{C_2} = K^2$에서,

- $L_2 = K^2 C_2 = 2000 \times 1 \times 10^{-6} = 2 \times 10^{-3}[\text{H}] = 2[\text{mH}]$

[답] ④

10. 그림과 같은 (a), (b)의 회로가 서로 역회로의 관계가 있으려면 L의 값[mH]은?

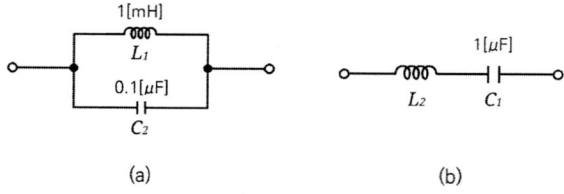

① 0.001 ② 0.01 ③ 0.1 ④ 1

해설 10

역회로 관계식 $\dfrac{L_1}{C_1} = \dfrac{L_2}{C_2} = K^2$에서,

- $K^2 = \dfrac{L_1}{C_1} = \dfrac{1 \times 10^{-3}}{1 \times 10^{-6}} = 1000$
- $L_2 = K^2 C_2 = 1000 \times 0.1 \times 10^{-6} = 0.1 \times 10^{-3}[\text{H}] = 0.1[\text{mH}]$

[답] ③

Chapter 10

4단자 회로망

01. 4단자 회로망 해석 방법

02. A, B, C, D 파라미터

03. 4단자 회로망에서의 A, B, C, D 작용

- 적중실전문제

Chapter 10 4단자 회로망

01 4단자 회로망 해석 방법

1) 4단자 회로망의 정의
회로망을 4개의 인출 단자로 뽑아내어 해석한 회로망이다.

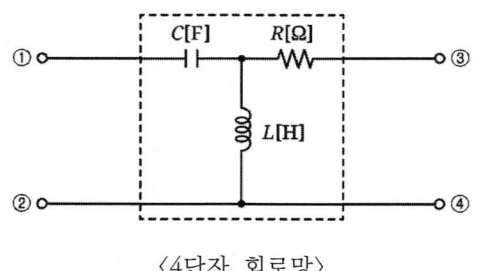

〈4단자 회로망〉

2) 임피던스 파라미터

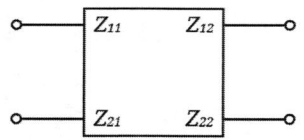

〈임피던스 파라미터〉

(1) 4단자 회로망을 임피던스를 이용하여 표현하는 해석법이다.
(2) 주로 T형 4단자 회로망에 적용하는 방법이다.
(3) T형 회로에서 4개의 임피던스 파라미터를 구하는 방법은 다음과 같다.

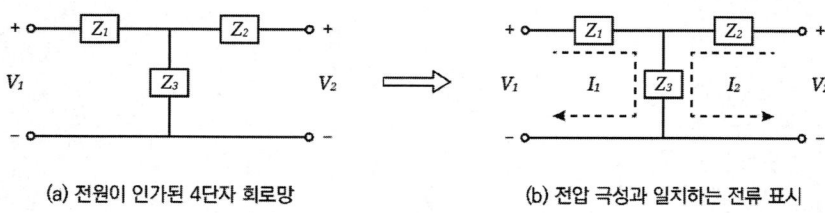

(a) 전원이 인가된 4단자 회로망 (b) 전압 극성과 일치하는 전류 표시

① 문제에서 주어진 4단자 회로망의 전압 극성을 파악한다.
   (문제에서 전압 극성을 주어지지 않으면 임의로 극성을 정한다.)
② 전압 극성과 일치하는 전류의 흐름을 입력과 출력 측 양쪽에 표시한다.
③ 각각의 전류 흐름에 경유하는 임피던스를 구한다. 즉,
   • $Z_{11} = Z_1 + Z_3 \, [\Omega]$,   • $Z_{12} = Z_{21} = Z_3 \, [\Omega]$,   • $Z_{22} = Z_2 + Z_3 \, [\Omega]$

예제 1

그림과 같은 T형 회로의 임피던스 파라미터 Z_{11}을 구하면?

① Z_3
② $Z_1 + Z_2$
③ $Z_2 + Z_3$
④ $Z_1 + Z_3$

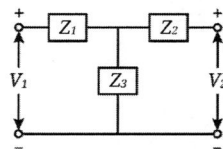

【해설】
문제에 주어진 4단자 회로망의 임피던스 파라미터는 각각 아래와 같이 산출된다.
- $Z_{11} = Z_1 + Z_3$,   • $Z_{12} = Z_{21} = Z_3$,   • $Z_{22} = Z_2 + Z_3$

[답] ④

3) 어드미턴스 파라미터

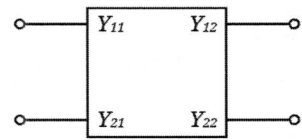

〈어드미턴스 파라미터〉

(1) 4단자 회로망을 어드미턴스를 이용하여 표현하는 해석법이다.
(2) 주로 π형 4단자 회로망에 적용하는 방법이다.
(3) π형 회로에서 4개의 어드미턴스 파라미터를 구하는 방법은 다음과 같다.

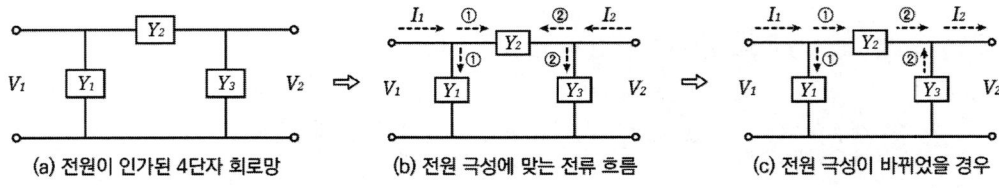

(a) 전원이 인가된 4단자 회로망   (b) 전원 극성에 맞는 전류 흐름   (c) 전원 극성이 바뀌었을 경우

① 4단자 회로망의 입력측과 출력측의 전류 방향을 확인
② 각각의 전류 흐름에 맞는 어드미턴스 산출
 (b) 그림에서는
  • $Y_{11} = Y_1 + Y_2 [\mho]$,   • $Y_{12} = Y_{21} = -Y_2 [\mho]$,   • $Y_{22} = Y_2 + Y_3 [\mho]$
 (c) 그림에서는
  • $Y_{11} = Y_1 + Y_2 [\mho]$,   • $Y_{12} = Y_{21} = +Y_2 [\mho]$,   • $Y_{22} = Y_2 + Y_3 [\mho]$

예제 2

그림과 같은 π형 회로의 어드미턴스 파라미터 Y_{11}, Y_{12}, Y_{21}, Y_{22}를 구하면?

① $Y_a + Y_b$, $-Y_b$, $-Y_b$, $Y_b + Y_c$
② Y_a, $-Y_b$, $-Y_b$, Y_c
③ $Y_a + Y_b$, Y_b, Y_b, $Y_b + Y_c$
④ $Y_a + Y_b$, $+Y_b$, $-Y_b$, $Y_b + Y_c$

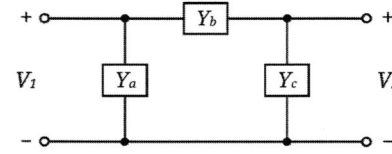

【해설】
문제에 주어진 4단자 회로망의 어드미턴스 파라미터는 각각 아래와 같이 산출된다.
- $Y_{11} = Y_a + Y_b$,   • $Y_{12} = Y_{21} = -Y_b$,   • $Y_{22} = Y_b + Y_c$

[답] ①

02 A, B, C, D 파라미터

1) A, B, C, D 파라미터의 정의

4단자 회로망을 4개의 인출 단자로 뽑아내어 회로망을 A, B, C, D 인자로 해석하는 방법이다.

⟨A, B, C, D 파라미터⟩

• $V_1 = AV_2 + BI_2$ • $I_1 = CV_2 + DI_2$

2) A, B, C, D 파라미터의 물리적 의미

① $A = \left| \dfrac{V_1}{V_2} \right|_{I_2 = 0}$: 출력을 개방한 상태에서의 입력과 출력의 전압비(이득)

② $B = \left| \dfrac{V_1}{I_2} \right|_{V_2 = 0}$: 출력을 단락한 상태에서의 입력과 출력의 임피던스[Ω]

③ $C = \left| \dfrac{I_1}{V_2} \right|_{I_2 = 0}$: 출력을 개방한 상태에서의 입력과 출력의 어드미턴스[Ω]

④ $D = \left| \dfrac{I_1}{I_2} \right|_{V_2 = 0}$: 출력을 단락한 상태에서의 입력과 출력의 전류비(이득)

예제 3

4단자 정수 A, B, C, D 중에서 어드미턴스의 차원을 가진 정수는 어느 것인가?
① A ② B ③ C ④ D

【해설】
A, B, C, D 파라미터의 각각의 의미는 다음과 같다.
(1) A : 입력과 출력의 전압 이득   (2) B : 입력과 출력의 임피던스
(3) C : 입력과 출력의 어드미턴스   (4) D : 입력과 출력의 전류 이득

[답] ③

3) A, B, C, D 파라미터 산출 방법

(1) 행렬식 계산에 의한 방법

회로망을 행렬식으로 표현하면 다음과 같다.

(a) 직렬 임피던스 회로

$$\begin{bmatrix} A & B \\ C & D \end{bmatrix} = \begin{bmatrix} 1 & Z \\ 0 & 1 \end{bmatrix}$$

(b) 병렬 어드미턴스 회로

$$\begin{bmatrix} A & B \\ C & D \end{bmatrix} = \begin{bmatrix} 1 & 0 \\ Y & 1 \end{bmatrix}$$

① T형 회로의 A, B, C, D

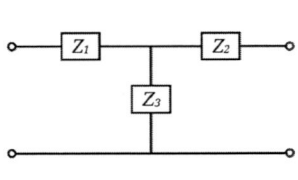

$$\begin{bmatrix} A & B \\ C & D \end{bmatrix} = \begin{bmatrix} 1 & Z_1 \\ 0 & 1 \end{bmatrix} \begin{bmatrix} 1 & 0 \\ \frac{1}{Z_3} & 1 \end{bmatrix} \begin{bmatrix} 1 & Z_2 \\ 0 & 1 \end{bmatrix}$$

$$= \begin{bmatrix} 1 + \frac{Z_1}{Z_3} & Z_1 + Z_2 + \frac{Z_1 Z_2}{Z_3} \\ \frac{1}{Z_3} & 1 + \frac{Z_2}{Z_3} \end{bmatrix}$$

② π형 회로의 A, B, C, D

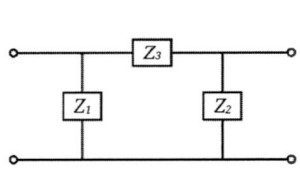

$$\begin{bmatrix} A & B \\ C & D \end{bmatrix} = \begin{bmatrix} 1 & 0 \\ \frac{1}{Z_1} & 1 \end{bmatrix} \begin{bmatrix} 1 & Z_3 \\ 0 & 1 \end{bmatrix} \begin{bmatrix} 1 & 0 \\ \frac{1}{Z_2} & 1 \end{bmatrix}$$

$$= \begin{bmatrix} 1 + \frac{Z_3}{Z_2} & Z_3 \\ \frac{Z_1 + Z_2 + Z_3}{Z_1 Z_2} & 1 + \frac{Z_3}{Z_1} \end{bmatrix}$$

Chapter 10. 4단자 회로망

(2) T형 및 π형 회로의 A, B, C, D 공식 암기법
  ① T형 회로의 A, B, C, D

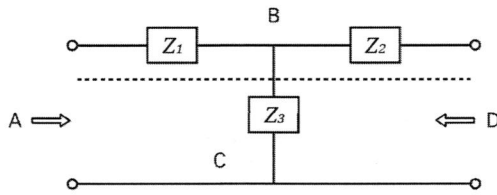

- T형 회로를 2등분하여 행렬식에 분모를 써넣는다.

$$\begin{bmatrix} A & B \\ C & D \end{bmatrix} = \begin{bmatrix} \dfrac{1}{Z_3} & \dfrac{1}{Z_3} \\ \dfrac{1}{Z_3} & \dfrac{1}{Z_3} \end{bmatrix}$$

- T형 회로에서 A, B, C, D 요소를 행렬식에 각각 맞는 자리에 채워 넣는다.

$$\begin{bmatrix} A & B \\ C & D \end{bmatrix} = \begin{bmatrix} 1+\dfrac{Z_1}{Z_3} & Z_1+Z_2+\dfrac{Z_1 Z_2}{Z_3} \\ \dfrac{1}{Z_3} & 1+\dfrac{Z_2}{Z_3} \end{bmatrix}$$

② π형 회로의 A, B, C, D

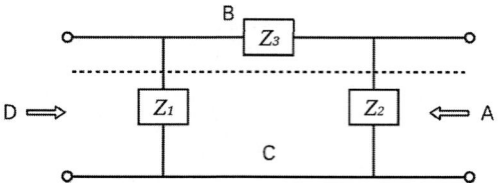

- π형 회로를 2등분하여 행렬식에 분자를 써넣는다.

$$\begin{bmatrix} A & B \\ C & D \end{bmatrix} = \begin{bmatrix} Z_3 & Z_3 \\ Z_3 & Z_3 \end{bmatrix}$$

- π형 회로에서 A, B, C, D 요소를 행렬식에 각각 맞는 자리에 채워 넣는다.

$$\begin{bmatrix} A & B \\ C & D \end{bmatrix} = \begin{bmatrix} 1+\dfrac{Z_3}{Z_2} & Z_3 \\ \dfrac{Z_1+Z_2+Z_3}{Z_1 Z_2} & 1+\dfrac{Z_3}{Z_1} \end{bmatrix}$$

예제 4

그림과 같은 L형 회로에서 4단자 정수는 어떻게 되는가?

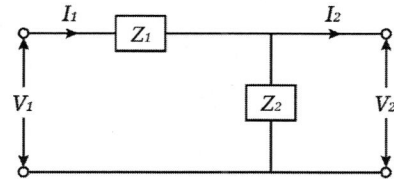

① $A = Z_1,\ B = 1+\dfrac{Z_1}{Z_2},\ C = \dfrac{1}{Z_2},\ D = 1$

② $A = 1,\ B = \dfrac{1}{Z_2},\ C = 1+\dfrac{1}{Z_2},\ D = Z_1$

③ $A = 1+\dfrac{Z_1}{Z_2},\ B = Z_1,\ C = \dfrac{1}{Z_2},\ D = 1$

④ $A = \dfrac{1}{Z_2},\ B = 1,\ C = Z_1,\ D = 1+\dfrac{Z_1}{Z_2}$

【해설】
문제에 주어진 회로를 가상의 T형 회로로 만들고, 각각의 A, B, C, D 값을 구하면,

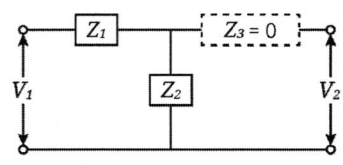

- $A = 1+\dfrac{Z_1}{Z_2}$
- $B = Z_1 + Z_3 + \dfrac{Z_1 Z_3}{Z_2} = Z_1$
- $C = \dfrac{1}{Z_2}$
- $D = 1+\dfrac{Z_3}{Z_2} = 1$

[답] ③

03 4단자 회로망에서의 A, B, C, D 작용

1) 영상 임피던스

(1) 4단자 회로망을 입력 측과 출력 측에서 보았을 때 A, B, C, D가 회로망에 어떻게 작용하는가를 나타내는 임피던스를 말한다.

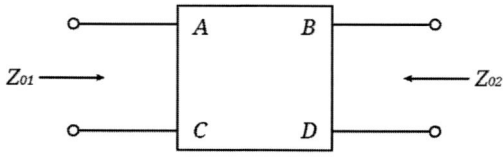

〈영상 임피던스의 개념〉

(2) A, B, C, D가 4단자 회로망에 작용하는 특성은 입력 측과 출력 측에 따라 틀려지는데, 이의 관계식은 다음과 같다.

- $Z_{01} = \sqrt{\dfrac{AB}{CD}}\,[\Omega]$
- $Z_{02} = \sqrt{\dfrac{BD}{AC}}\,[\Omega]$

단, Z_{01} : 입력 측에서 본 영상 임피던스[Ω]
Z_{02} : 출력 측에서 본 영상 임피던스[Ω]

2) 전달 정수

(1) 4단자 회로망의 입력 측과 출력 측과의 특성관계를 나타내는 정수를 말한다.

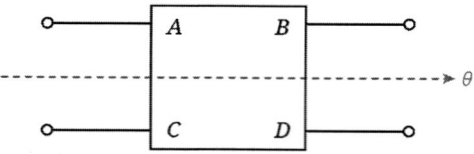

〈4단자 회로망의 전달 정수〉

(2) 전달 정수 θ는 다음과 같이 표현할 수 있다.
  ① $\theta = \cosh^{-1}\sqrt{AD}$:
   · 애들(AD)이 코를(cos) 흘리고 다닌다.
  ② $\theta = \sinh^{-1}\sqrt{BC}$:
   · 신한(sinh) 비씨(BC) 카드 !
  ③ $\theta = \log_e(\sqrt{AD} + \sqrt{BC})$:
   · 아들(AD)이 아빠의 비씨(BC) 카드를 꺼내 쓰면 아빠는 노이로제($\log_e$) 걸린다.

예제 5

전달 정수 θ가 4단자 정수 A, B, C, D로 표시할 때 올바르게 표시된 것은?

① $\cosh\theta = \sqrt{BD}$ 　　② $\sinh\theta = \sqrt{BC}$
③ $\cosh\theta = \sqrt{\dfrac{AD}{BC}}$ 　　④ $\sinh\theta = \sqrt{AD}$

【해설】
전달 정수 θ는 다음과 같이 표현된다.
· $\theta = \cosh^{-1}\sqrt{AD}$ $\Rightarrow$ $\therefore \cosh\theta = \sqrt{AD}$
· $\theta = \sinh^{-1}\sqrt{BC}$ $\Rightarrow$ $\therefore \sinh\theta = \sqrt{BC}$
· $\theta = \log_e(\sqrt{AD} + \sqrt{BC})$

[답] ②

Chapter 10. 4단자 회로망
적중실전문제

1. 그림과 같은 T형 회로의 임피던스 파라미터 Z_{11}을 구하면?

① Z_3
② $Z_1 + Z_2$
③ $Z_2 + Z_3$
④ $Z_1 + Z_3$

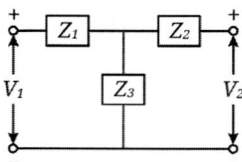

해설 1
- $Z_{11} = Z_1 + Z_3$,   - $Z_{12} = Z_{21} = Z_3$,   - $Z_{22} = Z_2 + Z_3$

[답] ④

2. 그림의 $1-1'$에서 본 구동점 임피던스 Z_{11}의 값[Ω]은?

① 5
② 8
③ 10
④ 4.4

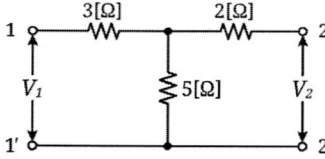

해설 2
- $Z_{11} = Z_1 + Z_3 = 3 + 5 = 8[\Omega]$,
- $Z_{12} = Z_{21} = Z_3 = 5[\Omega]$,
- $Z_{22} = Z_2 + Z_3 = 2 + 5 = 7[\Omega]$

[답] ②

3.
그림과 같은 Z′ 파라미터로 표시되는 4단자망의 1 – 1′ 단자 간에 4[A], 2 – 2′ 단자 간에 1[A]의 정 전류원을 연결하였을 때의 1 – 1′ 단자 간의 전압 V_1과 2 – 2′ 단자 간의 전압 V_2가 바르게 구하여진 것은?
(단, Z′ 파라미터는 [Ω]단위이다.)

① 18[V], 12[V]
② 36[V], -24[V]
③ 36[V], 24[V]
④ 24[V], 36[V]

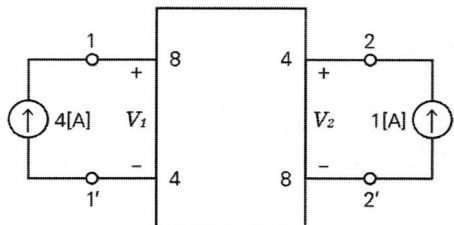

해설 3
(1) 4단자 회로망의 입력 측과 출력 측 각각의 전압을 행렬식을 이용하여 구해보면,

$$\begin{bmatrix} V_1 \\ V_2 \end{bmatrix} = \begin{bmatrix} Z_{11} & Z_{12} \\ Z_{21} & Z_{22} \end{bmatrix} \begin{bmatrix} I_1 \\ I_2 \end{bmatrix} = \begin{bmatrix} 8 & 4 \\ 4 & 8 \end{bmatrix} \begin{bmatrix} 4 \\ 1 \end{bmatrix} = \begin{bmatrix} 36 \\ 24 \end{bmatrix}$$

(2) 따라서, 입력 측과 출력 측의 전압은,
- $V_1 = 36[V]$, $V_2 = 24[V]$

[답] ③

4.
4단자 정수 A, B, C, D로 출력 측을 개방시켰을 때 입력 측에서 본 구동점 임피던스 $Z_{11}\left(= \dfrac{V_1}{I_1}\bigg|_{I_2=0}\right)$을 표시한 것 중 옳은 것은?

① $\dfrac{A}{C}$ ② $\dfrac{B}{D}$ ③ $\dfrac{A}{B}$ ④ $\dfrac{B}{C}$

해설 4
(1) 문제의 조건($I_2 = 0$)에 의하여 4단자 회로망의 2차 측을 개방시킨 상태에서의 1차 측의 전압과 전류를 산출하면,
- $V_1 = AV_2 + BI_2|_{I_2=0} = AV_2$
- $I_1 = CV_2 + DI_2|_{I_2=0} = CV_2$

(2) 따라서, 문제에서 요구하는 Z_{11} 값은,
- $Z_{11} = \dfrac{V_1}{I_1} = \dfrac{AV_2}{CV_2} = \dfrac{A}{C}$

[답] ①

5. 그림과 같은 π형 4단자 회로의 어드미턴스 상수 중 Y_{22}는?

① 5[℧]
② 6[℧]
③ 9[℧]
④ 12[℧]

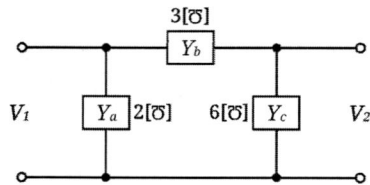

해설 5

- $Y_{11} = Y_a + Y_b = 2+3 = 5[℧]$
- $Y_{12} = Y_{21} = \pm Y_b = \pm 3[℧]$
- $Y_{22} = Y_b + Y_c = 3+6 = 9[℧]$

[답] ③

6. 회로망의 4단자 정수가 $A = 8$, $B = j2$, $D = 3+j2$이면, 이 회로망의 C는 얼마인가?

① $24+j14$ ② $3-j4$ ③ $8-j11.5$ ④ $4+j6$

해설 6

$AD - BC = 1$이므로,

- $C = \dfrac{AD-1}{B} = \dfrac{8 \times (3+j2) - 1}{j2} = 8-j11.5$

[답] ③

7. 그림과 같은 회로망에서 Z_1을 4단자 정수에 의해 표시하면 어떻게 되는가?

① $\dfrac{1}{C}$ ② $\dfrac{D-1}{C}$

③ $\dfrac{B-1}{C}$ ④ $\dfrac{A-1}{C}$

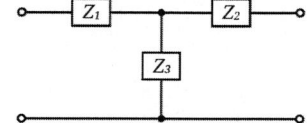

해설 7

(1) 문제에 주어진 T형 회로에서 A와 C 값을 구하면,

- $A = 1 + \dfrac{Z_1}{Z_3}$,   • $C = \dfrac{1}{Z_3}$

(2) 따라서, Z_1 값은,

- $Z_1 = (A-1) \times Z_3 = \dfrac{A-1}{C}$

[답] ④

8. 그림과 같은 4단자 회로망에서 출력 측을 개방하니 $V_1 = 12$, $I_1 = 2$, $V_2 = 4$ 이고, 출력측을 단락하니 $V_1 = 16$, $I_1 = 4$, $I_2 = 2$ 였다. A, B, C, D는 얼마인가?

① 3, 8, 0.5, 2
② 8, 0.5, 2, 3
③ 0.5, 2, 3, 8
④ 2, 3, 8, 0.5

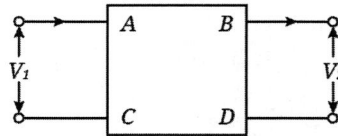

해설 8

(1) 출력 측을 개방했다는 것은 $I_2 = 0$ 이라는 의미이므로, 이 조건에 의하여,

- $A = \dfrac{V_1}{V_2}\bigg|_{I_2=0} = \dfrac{12}{4} = 3$,   • $C = \dfrac{I_1}{V_2}\bigg|_{I_2=0} = \dfrac{2}{4} = 0.5$

(2) 출력 측을 단락했다는 것은 $V_2 = 0$ 이라는 의미이므로, 이 조건에 의하여,

- $B = \dfrac{V_1}{I_2}\bigg|_{V_2=0} = \dfrac{16}{2} = 8$,   • $D = \dfrac{I_1}{I_2}\bigg|_{V_2=0} = \dfrac{4}{2} = 2$

[답] ①

9. 다음 회로에 4단자 상수 중 잘못 구해진 것은 어느 것인가?

① $A = 2$
② $B = 12$
③ $C = \dfrac{1}{2}$
④ $D = 2$

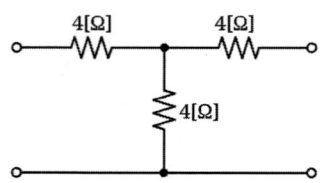

해설 9

- $A = 1 + \dfrac{4}{4} = 2$, $B = 4 + 4 + \dfrac{4 \times 4}{4} = 12$, $C = \dfrac{1}{4}$, $D = 1 + \dfrac{4}{4} = 2$

[답] ③

10. 그림과 같은 4단자 회로망에서 정수 $A = \left. \dfrac{V_1}{V_2} \right|_{I_2 = 0}$ 의 값은?

① 0
② 1
③ Z
④ -1

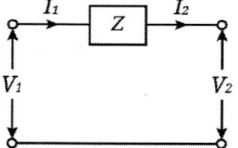

해설 10

직렬 임피던스 회로의 4단자 정수는, $\begin{bmatrix} A & B \\ C & D \end{bmatrix} = \begin{bmatrix} 1 & Z \\ 0 & 1 \end{bmatrix}$

[답] ②

11. 그림과 같은 4단자 회로의 4단자 정수 중 D의 값은?

① $1 - \omega^2 LC$
② $j\omega L(2 - \omega^2 LC)$
③ $j\omega C$
④ $j\omega L$

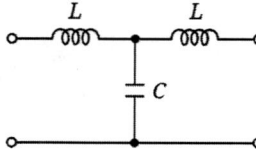

해설 11

- $D = 1 + \dfrac{Z_2}{Z_3} = 1 + \dfrac{j\omega L}{\dfrac{1}{j\omega C}} = 1 + (j\omega)^2 LC = 1 - \omega^2 LC$

[답] ①

12. 그림과 같은 종속 접속으로 된 4단자 회로망의 합성 4단자망의 4단자 정수의 표시 중 틀린 것은 어느 것인가?

① $A = 1 + 4Z$
② $B = Z$
③ $C = 4$
④ $D = 1 + Z$

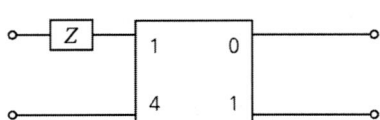

해설 12

$\begin{bmatrix} A & B \\ C & D \end{bmatrix} = \begin{bmatrix} 1 & Z \\ 0 & 1 \end{bmatrix} \begin{bmatrix} 1 & 0 \\ 4 & 1 \end{bmatrix} = \begin{bmatrix} 1 \times 1 + Z \times 4 & 1 \times 0 + Z \times 1 \\ 0 \times 1 + 1 \times 4 & 0 \times 0 + 1 \times 1 \end{bmatrix} = \begin{bmatrix} 1 + 4Z & Z \\ 4 & 1 \end{bmatrix}$

[답] ④

13. 그림과 같은 4단자망의 4단자 정수 B는?

① $\dfrac{20}{3}$
② $\dfrac{2}{3}$
③ 1
④ 30

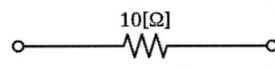

해설 13

B 정수는 $B = \left. \dfrac{V_1}{I_2} \right|_{V_2 = 0}$ 즉, 2차 측을 단락($V_2 = 0$)한 상태에서의 값이므로,

문제에 주어진 2차 측을 단락시키면 $10[\mho]$과 $20[\mho]$ 저항은 직렬 상태가 된다.
따라서, 임피던스 정수인 B 정수 값은, • $B = 10 + 20 = 30[\Omega]$

[답] ④

14. L형 4단자 회로에서 4단자 정수가 $A = \dfrac{15}{4}$, $D = 1$ 이고 영상 임피던스 $Z_{02} = \dfrac{12}{5}\,[\Omega]$ 일 때 영상 임피던스 $Z_{01}[\Omega]$ 의 값은 얼마인가?

① 12 ② 9 ③ 8 ④ 6

해설 14

- $\dfrac{Z_{01}}{Z_{02}} = \dfrac{\sqrt{\dfrac{AB}{CD}}}{\sqrt{\dfrac{BD}{AC}}} = \dfrac{A}{D}$ ⇒ ∴ $Z_{01} = Z_{02} \times \dfrac{A}{D} = \dfrac{12}{5} \times \dfrac{\frac{15}{4}}{1} = \dfrac{12}{5} \times \dfrac{15}{4} = 9\,[\Omega]$

[답] ②

15. 회로의 영상 임피던스 Z_{01} 과 Z_{02} 는 각각 몇 $[\Omega]$인가?

① 6, 5
② 4, 5
③ 6, 3.33
④ 4, 3.33

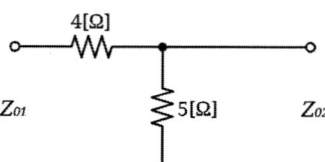

해설 15

(1) 우선, 4단자 정수 A, B, C, D 값은,

- $A = 1 + \dfrac{4}{5} = 1.8$, $B = 4 + 0 + \dfrac{4 \times 0}{5} = 4$, $C = \dfrac{1}{5} = 0.2$, $D = 1 + \dfrac{0}{5} = 1$

(2) 따라서, 위에서 구한 A, B, C, D 값을 이용하여 영상 임피던스를 각각 구해보면,

- $Z_{01} = \sqrt{\dfrac{AB}{CD}} = \sqrt{\dfrac{1.8 \times 4}{0.2 \times 1}} = 6\,[\Omega]$, $Z_{02} = \sqrt{\dfrac{BD}{AC}} = \sqrt{\dfrac{4 \times 1}{1.8 \times 0.2}} = 3.33\,[\Omega]$

[답] ③

16. 그림과 4단자 회로망에서 $\dfrac{n_1}{n_2} = a$ 일 때, 4단자 정수 파라미터 행렬은?

① $\begin{bmatrix} a & 0 \\ 0 & \dfrac{1}{a} \end{bmatrix}$ ② $\begin{bmatrix} \dfrac{1}{a} & 0 \\ 0 & a \end{bmatrix}$

③ $\begin{bmatrix} 0 & \dfrac{1}{a} \\ a & 0 \end{bmatrix}$ ④ $\begin{bmatrix} 0 & a \\ \dfrac{1}{a} & 0 \end{bmatrix}$

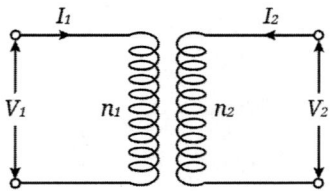

해설 16

(1) 우선, 변압기의 권선비 관계식은,
- $a = \dfrac{n_1}{n_2} = \dfrac{V_1}{V_2} = \dfrac{I_2}{I_1}$

(2) 따라서, 위의 변압기 권선비 관계식을 이용하여 4단자 정수 A, B, C, D를 구하면,
- $A = \dfrac{V_1}{V_2} = a,\quad B = \dfrac{V_1}{I_2} = 0,\quad C = \dfrac{I_1}{V_2} = 0,\quad D = \dfrac{I_1}{I_2} = \dfrac{1}{a}$

[답] ①

17. 그림과 같이 10[Ω]의 저항에 감은 비가 10 : 1의 결합 회로를 연결했을 때 4단자 정수 A, B, C, D는?

① $A = 10,\ B = 1,\ C = 0,\ D = \dfrac{1}{10}$

② $A = 1,\ B = 10,\ C = 0,\ D = 10$

③ $A = 10,\ B = 1,\ C = 0,\ D = 10$

④ $A = 10,\ B = 0,\ C = 1,\ D = \dfrac{1}{10}$

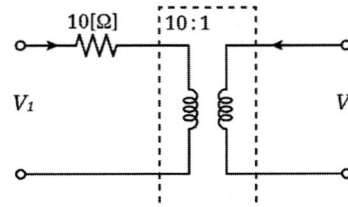

해설 17

$\begin{bmatrix} A & B \\ C & D \end{bmatrix} = \begin{bmatrix} 1 & 10 \\ 0 & 1 \end{bmatrix}\begin{bmatrix} 10 & 0 \\ 0 & \dfrac{1}{10} \end{bmatrix} = \begin{bmatrix} 1\times 10 + 10\times 0 & 1\times 0 + 10\times \dfrac{1}{10} \\ 0\times 10 + 1\times 0 & 0\times 0 + 1\times \dfrac{1}{10} \end{bmatrix} = \begin{bmatrix} 10 & 1 \\ 0 & \dfrac{1}{10} \end{bmatrix}$

[답] ①

18. 어떤 4단자망의 입력 단자 1, 1' 사이의 영상 임피던스 Z_{01}과 출력 단자 2, 2' 사이의 영상 임피던스 Z_{02}가 같게 되려면 4단자 사이에 어떠한 관계가 있어야 하는가?

① $AD = BC$ ② $AB = CD$ ③ $A = D$ ④ $B = C$

해설 18

영상 임피던스 $Z_{01} = \sqrt{\dfrac{AB}{CD}}$, $Z_{02} = \sqrt{\dfrac{BD}{AC}}$ 가 같으려면, $A = D$의 조건일 경우에만 $Z_{01} = \sqrt{\dfrac{AB}{CD}} = \sqrt{\dfrac{B}{C}}$, $Z_{02} = \sqrt{\dfrac{BD}{AC}} = \sqrt{\dfrac{B}{C}}$ 로 되어 $Z_{01} = Z_{02}$가 된다. [답] ③

19. 다음과 같은 4단자망에서 영상 임피던스는 몇 [Ω]인가?

① 600
② 450
③ 300
④ 200

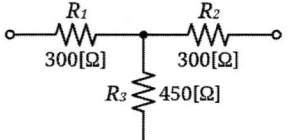

해설 19

(1) 우선, 주어진 회로는 T형 대칭 회로이므로 B, C 값만 구해보면,
- $B = 300 + 300 + \dfrac{300 \times 300}{450} = 800$, $C = \dfrac{1}{450}$

(2) 따라서, 영상 임피던스는,
- $Z_{01} = Z_{02} = \sqrt{\dfrac{B}{C}} = \sqrt{\dfrac{800}{\frac{1}{450}}} = \sqrt{800 \times 450} = 600\,[\Omega]$

[답] ①

20. 4단자 회로에서 4단자 정수를 A, B, C, D라 할 때, 전달 정수 θ는 어떻게 되는가?

① $\log_e (\sqrt{AB} + \sqrt{BC})$ ② $\log_e (\sqrt{AB} - \sqrt{CD})$
③ $\log_e (\sqrt{AD} + \sqrt{BC})$ ④ $\log_e (\sqrt{AD} - \sqrt{BC})$

해설 20

- $\theta = \cosh^{-1}\sqrt{AD} = \sinh^{-1}\sqrt{BC} = \log_e(\sqrt{AD} + \sqrt{BC})$

[답] ③

Chapter 11

분포 정수 회로

01. 특성 임피던스와 전파 정수

02. 무손실 선로와 무왜형 선로

● 적중실전문제

Chapter 11 분포 정수 회로

01 특성 임피던스와 전파 정수

1) 분포 정수 회로의 의미

(1) 분포 정수 회로

선로정수(R, L, G, C)가 균등하게 분포된 분포정수 회로로 취급한다.

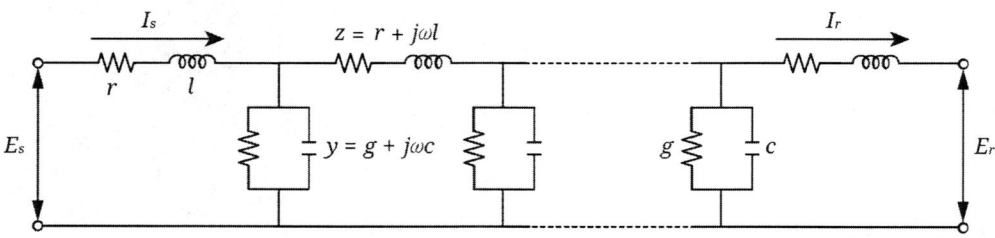

〈장거리 선로의 분포 정수 회로의 등가 회로〉

① 직렬 임피던스 : $Z = R + j\omega L\,[\Omega]$
② 병렬 어드미턴스 : $Y = G + j\omega C\,[\mho]$

(2) 장거리 선로의 송전단 전압, 전류 식 (전파 방정식)

- 송전단 전압 : $E_s = \cosh\gamma l\, E_r + Z_0 \sinh\gamma l\, I_r$
- 송전단 전류 : $I_s = \dfrac{1}{Z_0}\sinh\gamma l\, E_r + \cosh\gamma l\, I_r$

2) 파동 임피던스와 전파 정수

(1) 파동(서지, 특성) 임피던스

위 전파 방정식 중에서,

- $Z_o = \sqrt{\dfrac{Z}{Y}} = \sqrt{\dfrac{R + j\omega L}{G + j\omega C}} = \sqrt{\dfrac{L}{C}}\,[\Omega]$

를 파동 임피던스라고 하며, 송전선을 이동하는 진행파에 대한 전압과 전류의 비로서 그 송전선 특유의 값이다.

(2) 전파 정수
- $\gamma = \sqrt{ZY} = \sqrt{(R+j\omega L)(G+j\omega C)} = \alpha + j\beta$

  단, α : 감쇠 정수 (송전단에서 수전단으로 갈수록 전압이 감쇠되는 특성 정수)

  β : 위상 정수 (송전단에서 수전단으로 갈수록 위상이 지연되는 특성 정수)

예제 1

단위 길이 당 인덕턴스 $L[\text{H}]$, 커패시터스 $C[\mu\text{F}]$의 가공 전선의 특성 임피던스 $[\Omega]$는?

① $\sqrt{\dfrac{C}{L}} \times 10^2$ ② $\sqrt{\dfrac{C}{L}} \times 10^3$ ③ $\sqrt{\dfrac{L}{C}} \times 10^3$ ④ $\sqrt{\dfrac{1}{LC}} \times 10^2$

【해설】
- $Z_0 = \sqrt{\dfrac{Z}{Y}} = \sqrt{\dfrac{R+j\omega L}{G+j\omega C}} = \sqrt{\dfrac{L}{C \times 10^{-6}}} = \sqrt{\dfrac{L}{C}} \times \dfrac{1}{10^{-3}} = \sqrt{\dfrac{L}{C}} \times 10^3 [\Omega]$

[답] ③

---

02 무손실 선로와 무왜형 선로

1) 무손실 선로

(1) 무손실 선로의 의미

전력의 송전 도중에는 저항 R과 누설 콘덕턴스 G에서 송전 손실이 발생하는데, 전선의 저항과 누설 콘덕턴스가 극히 작아($R = G ≒ 0$) 전력 손실이 없는 선로

(2) 무손실 선로의 특성

① 특성 임피던스

$$Z_0 = \sqrt{\dfrac{Z}{Y}} = \sqrt{\dfrac{R+j\omega L}{G+j\omega C}} = \sqrt{\dfrac{L}{C}} [\Omega]$$

② 전파 정수

$$\gamma = \sqrt{ZY} = \sqrt{(R+j\omega L)(G+j\omega C)} = \alpha + j\beta$$

(감쇠 정수 $\alpha = 0$, 위상 정수 $\beta = \omega\sqrt{LC}$)

③ 전파 속도

$$v = \frac{\omega}{\beta} = \frac{\omega}{\omega\sqrt{LC}} = \frac{1}{\sqrt{LC}} = 3\times 10^8 [\text{m/s}]$$

④ 파장

$$\lambda = \frac{2\pi}{\beta} = \frac{2\pi}{\omega\sqrt{LC}} = \frac{2\pi}{2\pi f\sqrt{LC}} = \frac{1}{f\sqrt{LC}} = \frac{v}{f} = \frac{3\times 10^8}{f}[\text{m}]$$

예제 2

무손실 선로의 분포 정수 회로에서 감쇠 정수 α와 위상 정수 β의 값은?

① $\alpha = \sqrt{RG}$, $\beta = \omega\sqrt{LC}$ ② $\alpha = 0$, $\beta = \omega\sqrt{LC}$

③ $\alpha = \sqrt{RG}$, $\beta = 0$ ④ $\alpha = 0$, $\beta = \dfrac{1}{\sqrt{LC}}$

【해설】
무손실 선로에서의 전파 정수 : $\gamma = \sqrt{ZY} = \sqrt{(R+j\omega L)(G+j\omega C)} = \alpha + j\beta$
(감쇠 정수 $\alpha = 0$, 위상 정수 $\beta = \omega\sqrt{LC}$)

[답] ②

---

2) 무왜형 선로

(1) 무왜형 선로의 의미

전력의 송전 도중에는 L과 C의 영향으로 교류의 정현 파형은 일그러질 수 밖에 없는데, $LG = RC$의 조건이 성립하면, 파형의 일그러짐이 없이 깨끗한 정현 파형을 송전할 수 있다.

(2) 무왜형 선로의 특성

① 특성 임피던스

$$Z_0 = \sqrt{\frac{Z}{Y}} = \sqrt{\frac{R+j\omega L}{G+j\omega C}} = \sqrt{\frac{L}{C}}[\Omega]$$

② 전파 정수

$$\gamma = \sqrt{ZY} = \sqrt{(R+j\omega L)(G+j\omega C)} = \alpha + j\beta$$

★ (감쇠 정수 $\alpha = \sqrt{RG}$, 위상 정수 $\beta = \omega\sqrt{LC}$)

③ 전파 속도

$$v = \frac{\omega}{\beta} = \frac{\omega}{\omega\sqrt{LC}} = \frac{1}{\sqrt{LC}} = 3 \times 10^8 [\text{m/s}]$$

④ 파장

$$\lambda = \frac{2\pi}{\beta} = \frac{2\pi}{\omega\sqrt{LC}} = \frac{2\pi}{2\pi f\sqrt{LC}} = \frac{1}{f\sqrt{LC}} = \frac{v}{f} = \frac{3 \times 10^8}{f} [\text{m}]$$

예제 3

다음 분포 정수 전송 회로에 대한 서술에서 옳지 않은 것은?

① $\frac{R}{L} = \frac{G}{C}$ 인 회로를 무왜 회로라 한다.

② $R = G = 0$ 인 회로를 무손실 회로라 한다.

③ 무손실 회로, 무왜 회로의 감쇠 정수는 $\sqrt{RG}$ 이다.

④ 무손실 회로, 무왜 회로에서의 위상 속도는 $\frac{1}{\sqrt{CL}}$ 이다.

【해설】
감쇠 정수는, 무손실 선로에서는 $\alpha = 0$, 무왜형 선로에서는 $\alpha = \sqrt{RG}$ 이다.

[답] ③

Chapter 11. 분포 정수 회로
적중실전문제

1. 그림과 같은 회로에서 특성 임피던스 $Z_0[\Omega]$는?

① 1
② 2
③ 3
④ 4

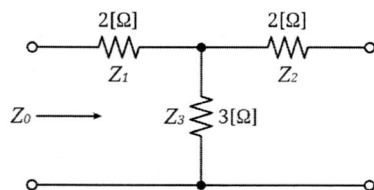

해설 1

(1) 특성 임피던스 $Z_0 = \sqrt{\dfrac{Z}{Y}}$ 에서, Z_s = 단락 시 임피던스, $\dfrac{1}{Y_f} = Z_f$ 개방 시 임피던스이므로 각각을 구하면,

- $Z_s = 2 + \dfrac{2 \times 3}{2+3} = 3.2[\Omega]$, $Z_f = 2 + 3 = 5[\Omega]$

(2) 따라서, 특성 임피던스는,

- $Z_0 = \sqrt{\dfrac{Z_s}{Y_f}} = \sqrt{Z_s \times Z_f} = \sqrt{3.2 \times 5} = 4[\Omega]$

[답] ④

2. 분포 정수 회로에서 선로의 특성 임피던스를 Z_0, 전파 정수를 γ라 할 때 선로의 직렬 임피던스는?

① $\dfrac{Z_0}{\gamma}$ ② $\dfrac{\gamma}{Z_0}$ ③ $\sqrt{\gamma Z_0}$ ④ γZ_0

해설 2

- $Z_0 \times \gamma = \sqrt{\dfrac{Z}{Y}} \times \sqrt{ZY} = Z$ (∴ Z : 송전 선로의 직렬 임피던스)

[답] ④

3. 선로의 저항 R와 컨덕턴스 G가 동시에 0이 되었을 때 전파 정수 γ와 관계 있는 것은?

① $\gamma = j\omega\beta\sqrt{LC}$
② $L = j\omega C\sqrt{\dfrac{C}{\gamma}}$
③ $C = \dfrac{\gamma^2}{(j\omega)^2 L}$
④ $\beta = j\omega\gamma\sqrt{LC}$

> **해설 3**
>
> 무손실($R = G = 0$)에서, $\gamma = \alpha + j\omega\sqrt{LC} = j\omega\sqrt{LC}$ 이므로, 이를 양변을 제곱해서 정리하면,
> - $\gamma^2 = (j\omega)^2 LC$ ∴ $C = \dfrac{\gamma^2}{(j\omega)^2 L}$

[답] ③

---

4. 전송 선로에서 무손실일 때, $L = 96[\text{mH}]$, $C = 0.6[\mu\text{F}]$ 이면 특성 임피던스 $[\Omega]$는?

① 500 ② 400 ③ 300 ④ 200

> **해설 4**
>
> - $Z_0 = \sqrt{\dfrac{L}{C}} = \sqrt{\dfrac{96 \times 10^{-3}}{0.6 \times 10^{-6}}} = 400[\Omega]$

[답] ②

---

5. 무한장 무손실 전송 선로상의 어떤 점에서 전압이 100[V]였다. 이 선로의 인덕턴스가 $7.5[\mu\text{H}/\text{m}]$이고, 커패시턴스가 $0.003[\mu\text{F}/\text{m}]$일 때 이점에서 전류는 몇 [A]인가?

① 2 ② 4 ③ 6 ④ 8

> **해설 5**
>
> - $Z_0 = \sqrt{\dfrac{L}{C}} = \sqrt{\dfrac{7.5 \times 10^{-6}}{0.003 \times 10^{-6}}} = 50[\Omega]$
> - $I = \dfrac{V}{Z_0} = \dfrac{100}{50} = 2[\text{A}]$

[답] ①

6. 분포 정수 회로에서 위상 정수가 β라 할 때 파장 λ는?

① $2\pi\beta$ ② $\dfrac{2\pi}{\beta}$ ③ $4\pi\beta$ ④ $\dfrac{4\pi}{\beta}$

해설 6

파장 : $\lambda = \dfrac{2\pi}{\beta} = \dfrac{2\pi}{\omega\sqrt{LC}} = \dfrac{2\pi}{2\pi f\sqrt{LC}} = \dfrac{1}{f\sqrt{LC}} = \dfrac{v}{f} = \dfrac{3\times 10^8}{f}[\text{m}]$

[답] ②

7. 무한장이라고 생각할 수 있는 평행 2회선 선로에 주파수 4[MHz]의 전압을 가하면 전압 위상은 1[m]에 대하여 얼마나 늦는가? (단, 여기서 위상 속도는 3×10^8[m/s]로 한다.)

① 약 0.0734 ② 약 0.0838
③ 약 0.0934 ④ 약 0.0634

해설 7

- $\lambda = \dfrac{2\pi}{\beta} = \dfrac{v}{f} = \dfrac{3\times 10^8}{4\times 10^6} = 75[\text{m}]$
- $\beta = \dfrac{2\pi}{\lambda} = \dfrac{2\pi}{75} = 0.0838[\text{rad/m}]$

[답] ②

8. 송전 선로에서 전압이 3×10^8[m/s]인 광속으로 전파할 때 200[MHz]인 주파수에 대한 위상 정수는 몇 [rad/m]인가?

① $\dfrac{4}{3}\pi$ ② $\dfrac{2}{3}\pi$ ③ $\dfrac{\pi}{3}$ ④ π

해설 8

- $\lambda = \dfrac{2\pi}{\beta} = \dfrac{v}{f} = \dfrac{3\times 10^8}{200\times 10^6} = \dfrac{3}{2}[\text{m}]$
- $\beta = \dfrac{2\pi}{\lambda} = \dfrac{2\pi}{\frac{3}{2}} = \dfrac{4\pi}{3}[\text{rad/m}]$

[답] ①

9. 위상 정수 $\beta = 6.28$[rad/km]일 때 파장[km]은?

① 1　　　　② 2　　　　③ 3　　　　④ 4

> **해설 9**
>
> • $\lambda = \dfrac{2\pi}{\beta} = \dfrac{2\times\pi}{6.28} = 1[\text{km}]$

[답] ①

10. 위상 정수가 $\dfrac{\pi}{8}$[rad/m]인 선로의 1[MHz]에 대한 전파 속도[m/s]는?

① 1.6×10^7　　② 9×10^7　　③ 10×10^7　　④ 11×10^7

> **해설 10**
>
> • $\lambda = \dfrac{2\pi}{\beta} = \dfrac{v}{f}$ ⇒ $\therefore v = \dfrac{2\pi f}{\beta} = \dfrac{2\pi \times 10^6}{\dfrac{\pi}{8}} = 16\times 10^6 [m/s] = 1.6\times 10^7 [\text{m/s}]$

[답] ①

MEMO

Chapter 12

과도 현상

01. R-L 직렬 회로의 과도 현상

02. R-C 직렬 회로의 과도 현상

03. R-L-C 직렬 회로의 과도 현상

● 적중실전문제

Chapter 12 과도 현상

01 R-L 직렬 회로의 과도 현상

1)  직렬 회로의 과도 전류

   (1) KVL 방정식
   - $Ri(t) + L\dfrac{d}{dt}i(t) = E$

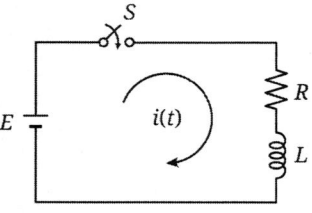

⟨$R-L$ 직렬 회로⟩

   (2) 과도 전류
   위 KVL 방정식을 라플라스 변환에 의해서 풀면 다음과 같은 과도 전류 식을 얻어낼 수 있다.
   - $i(t) = \dfrac{E}{R}(1 - e^{-\frac{R}{L}t})[\text{A}]$

2) $R-L$ 직렬 회로의 과도 특성

   (1) 특성근 : $s = -\dfrac{R}{L}$

   (2) 시정수 : $\tau = \dfrac{L}{R}$ [sec]

   (∴ 시정수 : 정상 전류(100[%])의 63.2[%]에 도달하는데 걸리는 시간)

   (3) 회로에 스위치 동작 상태에 따른 $R-L$ 회로의 전류 변화 상태

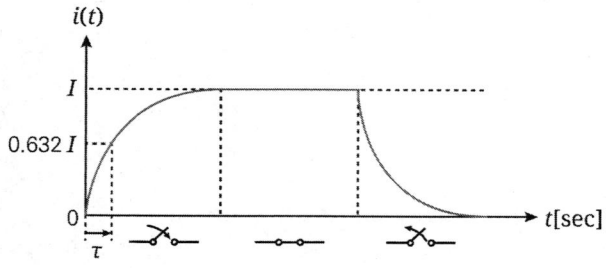

⟨스위치 동작에 따른 전류 변화 곡선⟩

① 스위치 투입 시 과도 전류 : $i(t) = \dfrac{E}{R}(1-e^{-\frac{R}{L}t})[A]$

② 스위치 투입 후 정상 전류 : $I_s = \dfrac{E}{R}[A]$

③ 스위치 개방 시 감소 전류 : $i(t) = \dfrac{E}{R}e^{-\frac{R}{L}t}[A]$

예제 1

$R = 5[\Omega]$, $L = 1[H]$의 직렬 회로에 직류 10[V]를 가할 때 순시 전류식은?

① $5(1-e^{-5t})$ ② $2e^{-5t}$ ③ $5e^{-5t}$ ④ $2(1-e^{-5t})$

【해설】

- $i(t) = \dfrac{E}{R}(1-e^{-\frac{R}{L}t}) = \dfrac{10}{5}(1-e^{-\frac{5}{1}t}) = 2(1-e^{-5t})[A]$

[답] ④

---

02 R-C 직렬 회로의 과도 현상

1) $R-C$ 직렬 회로의 과도 전류

(1) KVL 방정식

- $Ri(t) + \dfrac{1}{C}\int i(t)dt = E$

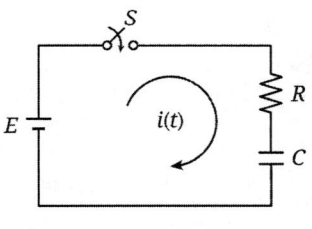

⟨$R-C$ 직렬 회로⟩

(2) 과도 전류

위 KVL 방정식을 라플라스 변환에 의해서 풀면 다음과 같은 과도 전류식을 얻어낼 수 있다.

- $i(t) = \dfrac{E}{R}e^{-\frac{1}{RC}t}[A]$

2) $R-C$ 직렬 회로의 과도 특성

  (1) 특성근 : $s = -\dfrac{1}{RC}$

  (2) 시정수 : $\tau = RC\,[\sec]$

    ($\therefore$ 시정수 : 정상 전류(100[%])의 36.8[%]에 도달하는데 걸리는 시간)

예제 2

다음 회로에서 정전 용량 C는 초기 전하가 없었다. 지금 $t=0$에서 스위치 K를 닫았을 때 $t=0^+$에서의 i 값은?

① 0.1[A]
② 0.2[A]
③ 0.4[A]
④ 1[A]

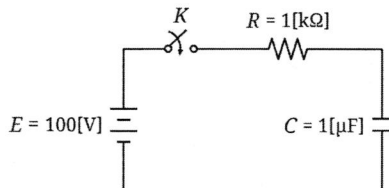

【해설】

- $i(t) = \dfrac{E}{R}e^{-\frac{1}{RC}t} = \dfrac{100}{1000}e^{-\frac{1}{1000\times 10^{-6}}\times 0} = 0.1[\mathrm{A}]$

[답] ①

03 R-L-C 직렬 회로의 과도 현상

1) $R-L-C$ 소자의 각각의 역할

  (1) 저항 R의 역할

    저항 소자에 전류가 흐르면 저항에는 주울열($W = 0.24\,I^2Rt\,[\mathrm{cal}]$)이 발생하여 결국 $R-L-C$ 회로에서 과도 현상을 억제하는 작용을 한다.

  (2) 인덕턴스 L 및 정전용량 C의 역할

    인덕턴스와 정전용량에 전류가 흐르면 인덕턴스 L에는 자속이 축적($\varnothing = Li(t)\,[\mathrm{Wb}]$)되고, 정전용량 C에는 전하가 축적($Q = CV\,[\mathrm{C}]$)이 되어, 과도 현상이 발생하게 된다.

2) $R-L-C$ 소자의 값에 따른 과도 현상 특성

　(1) $R^2 > 4\dfrac{L}{C}$ 일 경우

　　저항 소자에서 발생하는 주울열($W = 0.24\,I^2Rt\,[\text{cal}]$)에 의한 억제력이 크므로, 과도 현상은 없어진다.(비진동)

　(2) $R^2 < 4\dfrac{L}{C}$ 일 경우

　　저항 소자에서 발생하는 주울열($W = 0.24\,I^2Rt\,[\text{cal}]$)에 의한 억제력보다 L 과 C 에서 발생하는 과도 현상 발생력이 크므로, 과도 현상은 일어난다.(진동)

　(3) $R^2 = 4\dfrac{L}{C}$ 일 경우

　　저항 소자에서 발생하는 주울열($W = 0.24\,I^2Rt\,[\text{cal}]$)에 의한 억제력과 L 과 C 에서 발생하는 과도 현상 발생력이 같은 조건으로서 임계 상태이다.

예제 3

$R-L-C$ 직렬 회로에서 진동 조건은 어느 것인가?

① $R < 2\sqrt{\dfrac{C}{L}}$ 　　　　② $R < 2\sqrt{\dfrac{L}{C}}$

③ $R < 2\sqrt{LC}$ 　　　　④ $R < \dfrac{1}{2\sqrt{LC}}$

【해설】

(1) $R-L-C$ 직렬 회로에서 진동 조건은,

　• $R^2 < 4\dfrac{L}{C}$

(2) 따라서, 위 진동 조건의 양변에 $\sqrt{}$ 를 씌워 제곱 형태를 변형하면,

　• $R^2 < 4\dfrac{L}{C}$ 　$\Rightarrow$ 　$\therefore R < 2\sqrt{\dfrac{L}{C}}$

[답] ②

Chapter 12. 과도 현상
적중실전문제

1. $Ri(t) + L\dfrac{di(t)}{dt} = E$ 의 계통 방정식에서 정상 전류는?

① 0 ② $\dfrac{E}{RL}$ ③ $\dfrac{E}{R}$ ④ E

해설 1

$R-L$ 직렬 회로에서의 전류 특성

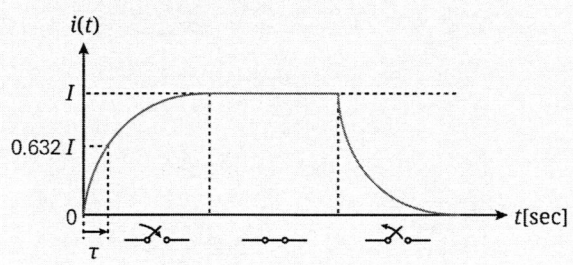

〈스위치 동작에 따른 전류 변화 곡선〉

(1) 스위치 투입 시 과도 전류 : $i(t) = \dfrac{E}{R}(1 - e^{-\frac{R}{L}t})$ [A]

(2) 스위치 투입 후 정상 전류 : $I_s = \dfrac{E}{R}$ [A]

(3) 스위치 개방 시 감소 전류 : $i(t) = \dfrac{E}{R}e^{-\frac{R}{L}t}$ [A]

[답] ③

2. 시정수 τ인 $L-R$ 직렬 회로에 직류 전압을 인가할 때 $t=\tau$의 시각에 회로에 흐르는 전류는 최종값의 약 몇 [%]인가?

① 37 ② 63 ③ 73 ④ 86

해설 2

$R-L$ 직렬 회로에서 시정수는 $\tau = \dfrac{L}{R}$ [sec]로서, 이는 정상 전류(100[%])의 63.2[%]에 도달되는 시간을 의미한다.

[답] ②

3. 그림과 같은 회로에서 정상 전류값 i_s[A]는?(단, $t=0$에서 스위치 S를 닫았다.)

① 0
② 7
③ 35
④ -35

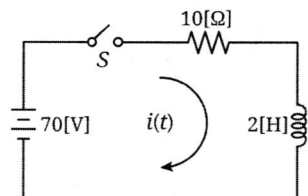

해설 3

정상 전류 $I_s = \dfrac{E}{R} = \dfrac{70}{10} = 7[A]$

[답] ②

4. $R-L$ 직렬 회로에서 L=5[mH], R=10[Ω]일 때 회로의 시정수[s]는?

① 500   ② 5×10^{-4} ③ $\dfrac{1}{5} \times 10^2$ ④ $\dfrac{1}{5}$

해설 4

시정수 $\tau = \dfrac{L}{R} = \dfrac{5 \times 10^{-3}}{10} = 5 \times 10^{-4}[\sec]$

[답] ②

5. 그림과 같은 회로에서 스위치 S를 닫았을 때 시정수의 값[s]은?
(단, $L = 10[\text{mH}]$, $R = 20[\Omega]$이다.)

① 2,000
② 5×10^{-4}
③ 200
④ 5×10^{-3}

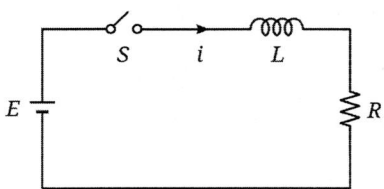

해설 5

시정수 $\tau = \dfrac{L}{R} = \dfrac{10 \times 10^{-3}}{20} = 5 \times 10^{-4}[\sec]$

[답] ②

6. 전기 회로에서 일어나는 과도 현상은 그 회로 시정수와 관계가 있다. 이 사이의 관계를 옳게 표현한 것은?

① 회로의 시정수가 클수록 과도 현상은 오랫동안 지속된다.
② 시정수는 과도 현상의 지속 시간에는 상관되지 않는다.
③ 시정수의 역이 클수록 과도 현상은 천천히 사라진다.
④ 시정수가 클수록 과도 현상은 빨리 사라진다.

해설 6
시정수가 클수록 과도 현상은 오래 지속된다.

[답] ①

7. 그림에서 스위치 S를 닫을 때의 전류 $i(t)$[A]는 얼마인가?

① $\dfrac{E}{R}e^{-\frac{R}{L}t}$ ② $\dfrac{E}{R}(1-e^{-\frac{R}{L}t})$

③ $\dfrac{E}{R}e^{-\frac{L}{R}t}$ ④ $\dfrac{E}{R}(1-e^{-\frac{L}{R}t})$

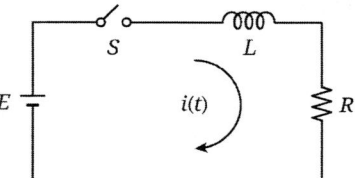

해설 7
문제에 주어진 회로는 $R-L$ 직렬 회로이므로 스위치(S)를 닫을 때의 과도 전류는,

• $i(t) = \dfrac{E}{R}(1-e^{-\frac{R}{L}t})$[A]

[답] ②

8. 그림과 같은 회로에서 $t=0$에서 스위치를 갑자기 닫은 후 전류 $i(t)$가 0에서 정상 전류의 63.2[%]에 달하는 시간[s]을 구하면?

① LR ② $\dfrac{1}{LR}$

③ $\dfrac{L}{R}$ ④ $\dfrac{R}{L}$

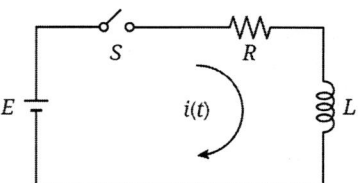

해설 8

$R-L$ 직렬 회로에서 시정수는 $\tau = \dfrac{L}{R}$ [sec]로서, 이는 정상 전류(100[%])의 63.2[%]에 도달되는 시간을 의미한다.

[답] ③

9. $R-L$ 직렬 회로에 V인 직류 전압원을 갑자기 연결하였을 때 $t=0$인 순간 이 회로에 흐르는 회로 전류에 대하여 바르게 표현된 것은?
① 이 회로에는 전류가 흐르지 않는다.
② 이 회로에는 V/R 크기의 전류가 흐른다.
③ 이 회로에는 무한대의 전류가 흐른다.
④ 이 회로에는 $V/(R+j\omega L)$의 전류가 흐른다.

해설 9

- $i(t) = \dfrac{E}{R}(1-e^{-\frac{R}{L}t}) = \dfrac{E}{R}(1-e^{-\frac{R}{L}\times 0}) = \dfrac{E}{R}(1-1) = 0[A]$

[답] ①

10. 그림의 회로에서 S를 닫은 후 $t=2[\mathrm{s}]$일 때 회로에 흐르는 전류[A]는?

① 약 3.2
② 약 4.5
③ 약 5.2
④ 약 6.3

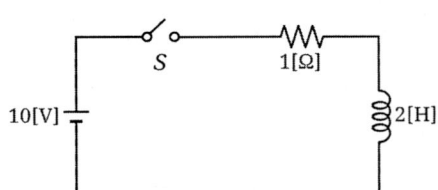

해설 10

- $i(t) = \dfrac{E}{R}(1-e^{-\frac{R}{L}t}) = \dfrac{10}{1}(1-e^{-\frac{1}{2}\times 2}) = 6.32[A]$

[답] ④

11. 그림에서 스위치 S를 열 때 흐르는 전류 $i(t)[\text{A}]$는 얼마인가?

① $\dfrac{E}{R}e^{-\frac{R}{L}t}$ ② $\dfrac{E}{R}e^{\frac{R}{L}t}$

③ $\dfrac{E}{R}(1-e^{\frac{R}{L}t})$ ④ $\dfrac{E}{R}(1-e^{-\frac{R}{L}t})$

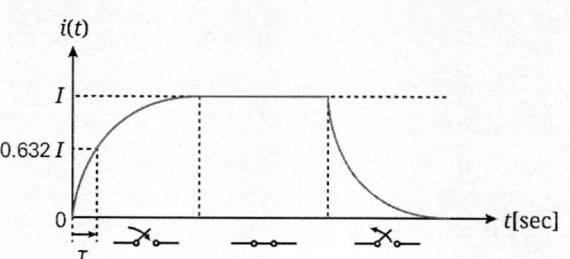

해설 11

$R-L$ 직렬 회로에서의 전류 특성

(1) 스위치 투입 시 과도 전류
- $i(t) = \dfrac{E}{R}(1-e^{-\frac{R}{L}t})[\text{A}]$

(2) 스위치 투입 후 정상 전류
- $I_s = \dfrac{E}{R}[\text{A}]$

(3) 스위치 개방 시 감소 전류
- $i(t) = \dfrac{E}{R}e^{-\frac{R}{L}t}[\text{A}]$

〈스위치 동작에 따른 전류 변화 곡선〉

[답] ①

12. 그림과 같은 회로에서 스위치 S를 $t=0$에서 닫았을 때 $(V_L)_{t=0} = 60[\text{V}]$, $\left(\dfrac{di}{dt}\right)_{t=0} = 30[\text{A/s}]$이다. L의 값은 몇 [H]인가?

① 0.5
② 1.0
③ 1.25
④ 2.0

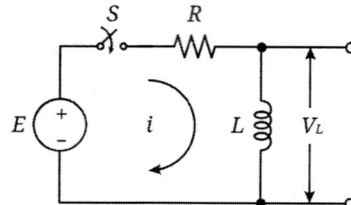

해설 12

- $V_L = L\dfrac{di(t)}{dt}$ ⇒ $\therefore L = \dfrac{V_L}{\dfrac{di(t)}{dt}} = \dfrac{60}{30} = 2[\text{H}]$

[답] ④

13. $R-L$ 직렬 회로에서 그의 양단에 직류 전압 E를 연결 후 스위치 S를 개방하면 $\dfrac{L}{R}[\text{s}]$ 후의 전류값[A]은?

① $\dfrac{E}{R}$ ② $0.5\dfrac{E}{R}$ ③ $0.368\dfrac{E}{R}$ ④ $0.632\dfrac{E}{R}$

해설 13

- $i(t) = \dfrac{E}{R}e^{-\frac{R}{L}t} = \dfrac{E}{R}e^{-\frac{R}{L}\times\frac{L}{R}} = \dfrac{E}{R}e^{-1} = \dfrac{E}{R}\times 0.368[\text{A}]$

[답] ③

14. 코일의 권수 $N = 1,000$, 저항 $R = 20[\Omega]$이다. 전류 $I = 10[\text{A}]$를 흘릴 때 자속 $\varnothing = 3\times 10^{-2}[\text{Wb}]$이다. 이 회로의 시정수[s]는?

① 0.15 ② 3 ③ 0.4 ④ 4

해설 14

(1) 우선, 인덕턴스를 구하면,

- $N\varnothing = LI$ ⇒ $\therefore L = \dfrac{N\varnothing}{I} = \dfrac{1,000\times 3\times 10^{-2}}{10} = 3[\text{H}]$

(2) 따라서, 시정수는,

- $\tau = \dfrac{L}{R} = \dfrac{3}{20} = 0.15[\text{s}]$

[답] ①

15. R_1, R_2 저항 및 인덕턴스 L의 직렬 회로가 있다. 이 회로의 시정수는?

① $-\dfrac{R_1+R_2}{L}$ ② $\dfrac{R_1+R_2}{L}$ ③ $\dfrac{-L}{R_1+R_2}$ ④ $\dfrac{L}{R_1+R_2}$

해설 15

시정수 $\tau = \dfrac{L}{R} = \dfrac{L}{R_1+R_2}$ [sec]

[답] ④

16. 그림과 같은 회로에 대한 서술에서 잘못된 것은?

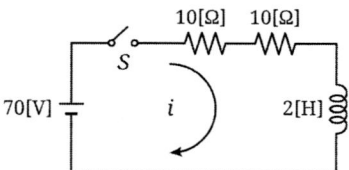

① 이 회로의 시정수는 0.1[s]이다.
② 이 회로의 특성근은 -10이다.
③ 이 회로의 특성근은 $+10$이다.
④ 정상 전류 값은 3.5[A]이다.

해설 16

(1) 시정수 : $\tau = \dfrac{L}{R} = \dfrac{L}{R_1+R_2} = \dfrac{2}{10+10} = 0.1[\text{sec}]$

(2) 특성근 : $s = -\dfrac{R}{L} = -\dfrac{R_1+R_2}{L} = -\dfrac{10+10}{2} = -10$

(3) 정상 전류 : $I_s = \dfrac{E}{R} = \dfrac{E}{R_1+R_2} = \dfrac{70}{10+10} = 3.5[\text{A}]$

[답] ③

17. 그림과 같이 저항 R_1, R_2 및 인덕턴스 L의 직렬 회로가 있다. 이 회로에 대한 서술에서 올바른 것은?

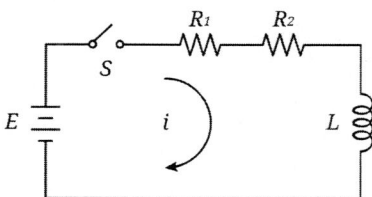

① 이 회로의 시정수는 $\dfrac{L}{R_1+R_2}$[s]이다.

② 이 회로의 특성근은 $\dfrac{R_1+R_2}{L}$ 이다.

③ 정상 전류값은 $\dfrac{E}{R_2}$ 이다.

④ 이 회로의 전류값은 $i(t) = \dfrac{E}{R_1+R_2}(1-e^{-\frac{L}{R_1+R_2}t})$ 이다.

해설 17

(1) 시정수 : $\tau = \dfrac{L}{R} = \dfrac{L}{R_1+R_2}$ [sec]

(2) 특성근 : $s = -\dfrac{R}{L} = -\dfrac{R_1+R_2}{L}$

(3) 정상 전류 : $I_s = \dfrac{E}{R} = \dfrac{E}{R_1+R_2}$ [sec]

(4) 과도 전류 : $i(t) = \dfrac{E}{R}(1-e^{-\frac{R}{L}t}) = \dfrac{E}{R_1+R_2}(1-e^{-\frac{R_1+R_2}{L}t})$

[답] ①

18. 그림의 회로에서 스위치 S를 닫을 때 콘덴서의 초기 전하를 무시하고 회로에 흐르는 전류를 구하면?

① $\dfrac{E}{R}e^{\frac{C}{R}t}$ ② $\dfrac{E}{R}e^{\frac{R}{C}t}$

③ $\dfrac{E}{R}e^{-\frac{1}{CR}t}$ ④ $\dfrac{E}{R}e^{\frac{1}{CR}t}$

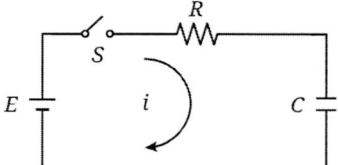

해설 18

$R-C$ 직렬 회로의 과도 전류식은,

- $i(t) = \dfrac{E}{R}e^{-\frac{1}{RC}t}$ [A]

[답] ③

19. $R-C$ 직렬 회로에 $t=0$일 때 직류 전압 10[V]를 인가하면, $t=0.1$초 때 전류[mA]의 크기는? (단, $R=1,000\,[\Omega]$, $C=50[\mu F]$이고, 처음부터 정전 용량의 전하는 없었다고 한다.)

① 약 2.25   ② 약 1.8   ③ 약 1.35   ④ 약 2.4

해설 19

- $i(t) = \dfrac{E}{R}e^{-\frac{1}{RC}t} = \dfrac{10}{1,000}e^{-\frac{1}{1,000 \times 50 \times 10^{-6}} \times 0.1} = 1.35 \times 10^{-3}$[A] $= 1.35$[mA]

[답] ③

20. 다음 회로에서 정전 용량 C는 초기 전하가 없었다. 지금 $t=0$에서 스위치 K를 닫았을 때 $t=0^+$에서의 i값은?

① 0.1[A]
② 0.2[A]
③ 0.4[A]
④ 1[A]

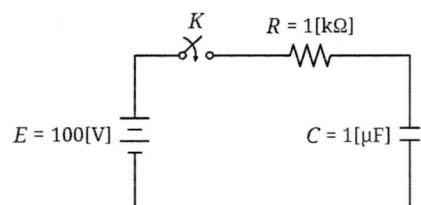

해설 20

- $i(t) = \dfrac{E}{R} e^{-\frac{1}{RC}t} = \dfrac{100}{1,000} e^{-\frac{1}{1,000 \times 1 \times 10^{-6}} \times 0} = 0.1[A]$

[답] ①

21. $R-C$ 직렬 회로의 과도 현상에 대하여 옳게 설명된 것은?
① $R-C$ 값이 클수록 과도 전류 값은 천천히 사라진다.
② $R-C$ 값이 클수록 과도 전류 값은 빨리 사라진다.
③ 과도 전류는 $R-C$ 값에 관계가 없다.
④ $\dfrac{1}{RC}$의 값이 클수록 과도 전류 값은 천천히 사라진다.

해설 21

$R-C$ 직렬 회로의 시정수는 $\tau = RC$ [sec] 이므로, RC 값이 클수록 과도 현상은 더욱 오래 동안 지속된다.

[답] ①

22. 그림과 같은 회로에서 저항 $R[\Omega]$과 정전 용량 $C[F]$의 직렬 회로에서 잘못 표현된 것은?

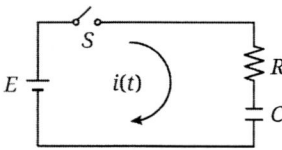

① 회로의 시정수는 $\tau = RC[s]$이다.
② $t=0$에서 직류 전압 $E[V]$를 가했을 때 $t[s]$ 후의 전류
   $i = \dfrac{E}{R}e^{-\frac{1}{RC}t}[A]$이다.
③ $t=0$에서 직류 전압 $E[V]$를 가했을 때 $t[s]$ 후의 전류
   $i = \dfrac{E}{R}(1-e^{-\frac{1}{RC}t})[A]$이다.
④ $R-C$ 직렬 회로의 직류 전압 $E[V]$를 충전하는 경우 회로의 전압 방정식은 $Ri + \dfrac{1}{C}\int i\,dt = E$이다.

해설 22

$R-C$ 직렬 회로의 과도 전류식은,
- $i(t) = \dfrac{E}{R}e^{-\frac{1}{RC}t}[A]$

[답] ③

23. 그림과 같은 회로에서 스위치 S를 닫을 때 방전 전류 $i(t)$는?

① $-\dfrac{Q}{RC}e^{-\frac{1}{RC}t}$

② $\dfrac{Q}{RC}e^{-\frac{1}{RC}t}$

③ $-\dfrac{Q}{RC}(1-e^{-\frac{1}{RC}t})$

④ $\dfrac{Q}{RC}(1+e^{-\frac{1}{RC}t})$

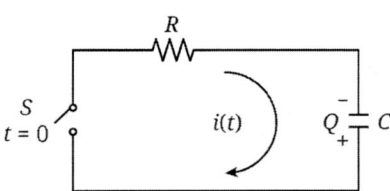

해설 23

전하량 $Q=CV$에서 $V=\dfrac{Q}{C}$을 $R-C$ 직렬 회로의 과도 전류식에 대입하면,

- $i(t) = \dfrac{E}{R}e^{-\frac{1}{RC}t} = \dfrac{\frac{Q}{C}}{R}e^{-\frac{1}{RC}t} = \dfrac{Q}{RC}e^{-\frac{1}{RC}t}[\text{A}]$

[답] ②

24. $R=1[\text{M}\Omega]$, $C=1[\mu\text{F}]$의 직렬 회로에 직류 100[V]를 가했다. 시정수 T, 전류의 초기값 I를 구하면?

① 5[sec], 10^{-4}[A] ② 3[sec], 10^{-3}[A]

③ 1[sec], 10^{-4}[A] ④ 2[sec], 10^{-3}[A]

해설 24

(1) 시정수 : $\tau = RC = 1\times 10^6 \times 1\times 10^{-6} = 1[\text{sec}]$

(2) 전류 초기($t=0$) 값 : $i(t) = \dfrac{E}{R}e^{-\frac{1}{RC}t} = \dfrac{100}{1\times 10^6}e^{-\frac{1}{10^6 \times 10^{-6}}\times 0} = 10^{-4}[\text{A}]$

[답] ③

25. 그림과 같은 $R-L-C$ 직렬 회로에서 발생하는 과도 현상이 진동이 되지 않는 조건은 어느 것인가?

① $\left(\dfrac{R}{2L}\right)^2 - \dfrac{1}{LC} < 0$

② $\left(\dfrac{R}{2L}\right)^2 - \dfrac{1}{LC} > 0$

③ $\left(\dfrac{R}{2L}\right)^2 = \dfrac{1}{LC}$

④ $\dfrac{R}{2L} = \dfrac{1}{LC}$

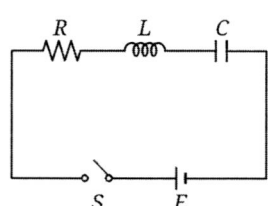

해설 25

$R-L-C$ 직렬 회로에서의 비진동 조건 $R^2 > 4\dfrac{L}{C}$ 식을 변형하면,

- $R^2 - 4\dfrac{L}{C} > 0$ ⇒ $\dfrac{R^2}{4} - \dfrac{L}{C} > 0$ ⇒ $\dfrac{R^2}{4L^2} - \dfrac{1}{LC} > 0$

∴ $\left(\dfrac{R}{2L}\right)^2 - \dfrac{1}{LC} > 0$

[답] ②

26. $R-L-C$ 직렬 회로에서 진동 조건은 어느 것인가?

① $R < 2\sqrt{\dfrac{C}{L}}$ ② $R < 2\sqrt{\dfrac{L}{C}}$

③ $R < 2\sqrt{LC}$ ④ $R < \dfrac{1}{2\sqrt{LC}}$

해설 26

$R-L-C$ 직렬 회로에서의 진동 조건 $R^2 < 4\dfrac{L}{C}$ 식의 양변을 $\sqrt{\ }$로 씌우면,

- $R < 2\sqrt{\dfrac{L}{C}}$

[답] ②

27. $R-L-C$ 직렬 회로에서
$R = 100[\Omega]$, $L = 0.1 \times 10^{-3}[H]$, $C = 0.1 \times 10^{-6}[F]$일 때, 이 회로는?
① 진동적이다.
② 비진동이다.
③ 정현파 진동이다.
④ 진동일 수도 있고, 비진동일 수도 있다.

해설 27

$R^2 = 100^2 = 10,000$ 이고, $4\dfrac{L}{C} = 4 \times \dfrac{0.1 \times 10^{-3}}{0.1 \times 10^{-6}} = 4,000$ 이므로, $R^2 > 4\dfrac{L}{C}$ 의 조건이 되므로 이 회로는 비진동이다.

[답] ②

28. 그림의 정전 용량 $C[F]$를 충전한 후 스위치 S를 닫아 이것을 방전하는 경우의 과도 전류는? (단, 회로에는 저항이 없다.)

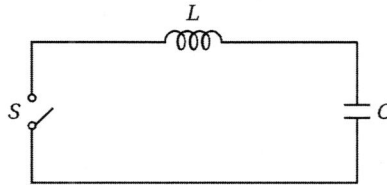

① 불변의 진동 전류
② 감쇠하는 전류
③ 감쇠하는 진동 전류
④ 일정 값까지는 증가하여 그 후 감쇠하는 전류

해설 28

문제의 회로는 에너지를 소모시키는 저항이 없는 L과 C만의 회로이므로, 과도 현상이 계속 발생하는 불변의 진동 전류가 흐른다.

[답] ①

MEMO

Chapter 13

라플라스 변환

01. 기본 라플라스 변환 공식
02. 라플라스 변환의 기본 정리
03. 라플라스 역변환
- 적중실전문제

Chapter 13 라플라스 변환

01 기본 라플라스 변환 공식

1) 라플라스 변환의 정의
   (1) 제어 장치는 시간 함수 $f(t)$를 인식하지 못하므로 제어 장치가 받아들일 수 있는 주파수 함수 $F(j\omega) = F(S)$로 변환하여 다루어야 한다.

   (2) 즉, 제어공학에서는 다음과 같은 라플라스 변환 공식을 사용하여 시간 함수를 주파수 함수로 바꾸어 주어야 한다.
   - $F(S) = \int_0^\infty f(t) e^{-st} dt$

예제 1

함수 $f(t)$의 라플라스 변환은 어떤 식으로 정의되는가?

① $\int_{-\infty}^\infty f(t) e^{st} dt$
② $\int_{-\infty}^\infty f(t) e^{-st} dt$
③ $\int_0^\infty f(t) e^{-st} dt$
④ $\int_0^\infty f(t) e^{st} dt$

【해설】
제어공학에서는 다음과 같은 라플라스 변환 공식을 사용하여 시간 함수를 주파수 함수로 바꾸어 주어야 한다.
- $F(S) = \int_0^\infty f(t) e^{-st} dt$

[답] ③

2) 자주 쓰이는 기본 라플라스 변환 공식
   라플라스 변환 공식을 이용하여 시간 함수를 주파수 함수로 바꾸면 다음과 같은 기본적인 라플라스 변환 결과 식을 얻어낼 수 있다.

시간 함수 $f(t)$	주파수 함수 $F(S)$
임펄스 함수 : $\delta(t)$	1
단위 계단 함수 : $u(t) = 1$	$\dfrac{1}{s}$
속도 함수 : t	$\dfrac{1}{s^2}$
가속도 함수 : t^2	$\dfrac{2!}{s^3}$
지수 함수 : e^{at}	$\dfrac{1}{s-a}$
삼각 함수 : $\sin \omega t$	$\dfrac{\omega}{s^2+\omega^2}$
삼각 함수 : $\cos \omega t$	$\dfrac{s}{s^2+\omega^2}$

예제 2

단위 계단 함수 $u(t)$의 라플라스 변환은?

① e^{-st} ② $\dfrac{1}{s}e^{-st}$ ③ $\dfrac{1}{e^{-st}}$ ④ $\dfrac{1}{s}$

【해설】

단위 계단 함수 $u(t)$의 라플라스 변환 : $f(t) = u(t) = 1 \ \Rightarrow \ F(S) = \dfrac{1}{s}$

[답] ④

예제 3

단위 임펄스 함수 $\delta(t)$의 라플라스 변환은?

① 0 ② 1 ③ $\dfrac{1}{s}$ ④ $\dfrac{1}{s+a}$

【해설】

단위 임펄스 함수 $\delta(t)$의 라플라스 변환 : $f(t) = \delta(t) \ \Rightarrow \ F(S) = 1$

[답] ②

예제 4

$\cos \omega t$ 의 라플라스 변환은?

① $\dfrac{s}{s^2 - \omega^2}$ ② $\dfrac{s}{s^2 + \omega^2}$ ③ $\dfrac{\omega}{s^2 - \omega^2}$ ④ $\dfrac{\omega}{s^2 + \omega^2}$

【해설】

삼각 함수 $\cos \omega t$ 의 라플라스 변환 : $f(t) = \cos \omega t \Rightarrow F(S) = \dfrac{s}{s^2 + \omega^2}$

[답] ②

예제 5

e^{-2t} 의 라플라스 변환은?

① $\dfrac{1}{s-2}$ ② $\dfrac{1}{s+2}$ ③ $\dfrac{1}{s^2 - 2^2}$ ④ $\dfrac{1}{s^2 + 2^2}$

【해설】

지수 함수 e^{at} 의 라플라스 변환 : $f(t) = e^{at} \Rightarrow F(S) = \dfrac{1}{s-a}$ 에서 $a = -2$ 이므로, $e^{-2t} \rightarrow \dfrac{1}{s-(-2)} = \dfrac{1}{s+2}$ 가 된다.

[답] ②

02 라플라스 변환의 기본 정리

1) 미분 정리, 적분 정리

 (1) 미분 식의 라플라스 변환

  · $\mathcal{L}\left(\dfrac{d}{dt}\right) = s$, $\mathcal{L}\left(\dfrac{d^2}{dt^2}\right) = s^2$

 (2) 적분 식의 라플라스 변환

  · $\mathcal{L}\left(\int dt\right) = \dfrac{1}{s}$

예제 6

$e_i(t) = R\,i(t) + L\dfrac{di(t)}{dt} + \dfrac{1}{C}\int i(t)\,dt$ 에서 모든 초기 조건을 0으로 하고 라플라스 변환하면 어떻게 되는가?

① $I(S) = \dfrac{Cs}{LCs^2 + RCs + 1} E_i(s)$ ② $I(S) = \dfrac{1}{LCs^2 + RCs + 1} E_i(s)$

③ $I(S) = \dfrac{LCs}{LCs^2 + RCs + 1} E_i(s)$ ④ $I(S) = \dfrac{C}{LCs^2 + RCs + 1} E_i(s)$

【해설】

(1) 우선, 문제에 주어진 미분 방정식을 라플라스 변환하면,

$$e_i(t) = R\,i(t) + L\dfrac{di(t)}{dt} + \dfrac{1}{C}\int i(t)\,dt \;\Rightarrow\; E_i(s) = RI(s) + Ls\,I(s) + \dfrac{1}{Cs}I(s)$$

(2) 따라서, 전류 $I(s)$에 대하여 식을 정리하면,

$$E_i(s) = \left\{R + Ls + \dfrac{1}{Cs}\right\}I(s) \;\Rightarrow\; \therefore\; I(s) = \dfrac{E_i(s)}{R + Ls + \dfrac{1}{Cs}} = \dfrac{Cs}{LCs^2 + RCs + 1}$$

[답] ①

2) 시간 추이(지연) 정리

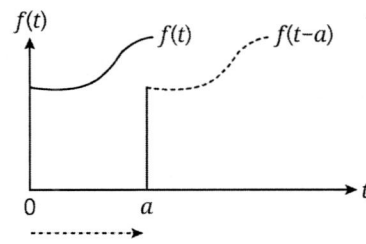

$\mathcal{L}[f(t)] = F(s)$ 이고, $f(t)$를 시간 t의 양의 방향으로 a만큼 이동한 함수(시간이 지연된 함수) $f(t-a)$에 대한 라플라스 변환은 다음과 같다.

- $\mathcal{L}[f(t-a)] = F(s)e^{-as}$

예제 7

$u(t-T)$를 라플라스 변환하면?

① $\dfrac{1}{s}e^{-Ts}$ ② $\dfrac{1}{s^2}e^{-Ts}$ ③ $\dfrac{1}{s^2}e^{Ts}$ ④ $\dfrac{1}{s}e^{Ts}$

【해설】
시간 추이 정리에 의하여,
$$f(t) = u(t-T) \quad \Rightarrow \quad F(s) = \frac{1}{s}e^{-Ts}$$

[답] ①

3) 복소 추이 정리

$\mathcal{L}[f(t)] = F(s)$일 때, $e^{\pm at}f(t)$에 대한 라플라스 변환은 다음과 같다.

- $\mathcal{L}[e^{\pm at}f(t)] = F(s \mp a)$

예제 8

함수 $f(t) = te^{at}$를 옳게 라플라스 변환시킨 것은?

① $F(s) = \dfrac{1}{(s-a)^2}$ ② $F(s) = \dfrac{1}{s-a}$

③ $F(s) = \dfrac{1}{s(s-a)}$ ④ $F(s) = \dfrac{1}{s(s-a)^2}$

【해설】
복소 추이 정리에 의하여,
$$f(t) = te^{at} \quad \Rightarrow \quad F(s) = \frac{1}{(s-a)^2}$$

[답] ①

4) 초기값 정리, 최종값(정상값) 정리

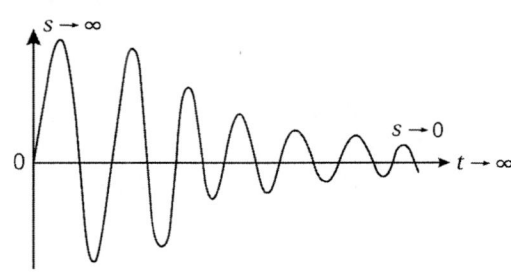

(1) 초기값 정리

　　시간 함수가 $t \to 0$ 의 시점에서 주파수 함수는 극한, 즉 $s \to \infty$ 으로 향한다.

- $\lim_{t \to 0} f(t) = \lim_{s \to \infty} s F(s)$

(2) 최종값 정리

　　시간 함수가 $t \to \infty$ 의 시점에서 주파수 함수는 극한, 즉 $s \to 0$ 으로 향한다.

- $\lim_{t \to \infty} f(t) = \lim_{s \to 0} s F(s)$

예제 9

$F(s) = \dfrac{3s+10}{s^3+2s^2+5s}$ 일 때 $f(t)$의 최종값은?

① 0　　　　　② 1　　　　　③ 2　　　　　④ 3

【해설】

$\lim_{t \to \infty} f(t) = \lim_{s \to 0} s F(s) = \lim_{s \to 0} s \times \dfrac{3s+10}{s^3+2s^2+5s} = \lim_{s \to 0} \dfrac{3s+10}{s^2+2s+5} = 2$

[답] ③

03 라플라스 역변환

1) 1차 함수의 부분 분수 전개

- $F(s) = \dfrac{1}{(s+1)(s+2)}$ 와 같은 분모가 1차인 부분 분수 전개는 다음과 같다.

- $F(s) = \dfrac{1}{(s+1)(s+2)} = \dfrac{A}{s+1} + \dfrac{B}{s+2}$

여기서, 계수 A, B를 구하는 방법은,

- $A = \dfrac{1}{(s+1)(s+2)} \times (s+1) = \left|\dfrac{1}{s+2}\right|_{s=-1} = 1$

- $B = \dfrac{1}{(s+1)(s+2)} \times (s+2) = \left|\dfrac{1}{s+1}\right|_{s=-2} = -1$

예제 10

$\dfrac{1}{s(s+1)}$ 의 라플라스 역변환을 구하면?

① $e^{-t}\sin t$ ② $1 + e^{-t}$ ③ $1 - e^{-t}$ ④ $e^{-t}\cos t$

【해설】

(1) 우선, 주어진 식을 부분 분수 전개하면,

- $\dfrac{1}{s(s+1)} = \dfrac{A}{s} + \dfrac{B}{s+1}$,

- $A = \dfrac{1}{s(s+1)} \times s = \left|\dfrac{1}{s+1}\right|_{s=0} = 1$, $B = \dfrac{1}{s(s+1)} \times (s+1) = \left|\dfrac{1}{s}\right|_{s=-1} = -1$

(2) 따라서, 라플라스 역변환하여,

- $\dfrac{1}{s} - \dfrac{1}{s+1} \;\Rightarrow\; 1 - e^{-t}$

[답] ③

2) 2차 함수의 부분 분수 전개

- $F(s) = \dfrac{1}{(s+1)^2(s+2)}$ 와 같은 분모가 2차인 부분 분수 전개는 다음과 같다.

- $F(s) = \dfrac{1}{(s+1)^2(s+2)} = \dfrac{A}{(s+1)^2} + \dfrac{B}{s+1} + \dfrac{C}{s+2}$

여기서, 계수 A, B, C를 구하는 방법은,

- $A = \dfrac{1}{(s+1)^2(s+2)} \times (s+1)^2 = \left|\dfrac{1}{s+2}\right|_{s=-1} = 1$

- $B = \dfrac{d}{ds}\left\{\dfrac{1}{(s+1)^2(s+2)} \times (s+1)^2\right\} = \dfrac{d}{ds}\left\{\dfrac{1}{s+2}\right\} = \left|\dfrac{-1}{(s+2)^2}\right|_{s=-1} = -1$

- $C = \dfrac{1}{(s+1)^2(s+2)} \times (s+2) = \left|\dfrac{1}{(s+1)^2}\right|_{s=-2} = 1$

예제 11

$F(s) = \dfrac{1}{(s+1)^2(s+2)}$ 의 역라플라스 변환을 구하면?

① $e^{-t} + te^{-t} + e^{-2t}$
② $-e^{-t} + te^{-t} + e^{-2t}$
③ $e^{-t} - te^{-t} + e^{-2t}$
④ $e^{t} + te^{t} + e^{2t}$

【해설】

(1) 우선, 주어진 식을 부분 분수 전개하면,

- $\dfrac{1}{(s+1)^2(s+2)} = \dfrac{A}{(s+1)^2} + \dfrac{B}{(s+1)} + \dfrac{C}{s+2}$

- $A = \dfrac{1}{(s+1)^2(s+2)} \times (s+1)^2 = \left|\dfrac{1}{s+2}\right|_{s=-1} = 1$

- $B = \dfrac{d}{ds}\left\{\dfrac{1}{(s+1)^2(s+2)} \times (s+1)^2\right\} = \dfrac{d}{ds}\left\{\dfrac{1}{(s+2)}\right\}$

    $= \left|\dfrac{0 \times (s+2) - 1 \times 1}{(s+2)^2}\right|_{s=-1} = -1$

- $C = \dfrac{1}{(s+1)^2(s+2)} \times (s+2) = \left|\dfrac{1}{(s+1)^2}\right|_{s=-2} = 1$

(2) 따라서, 라플라스 역변환하여,

- $\dfrac{1}{(s+1)^2} - \dfrac{1}{s+1} + \dfrac{1}{s+2} \Rightarrow te^{-t} - e^{-t} + e^{-2t}$

[답] ②

Chapter 13. 라플라스 변환
적중실전문제

1. $\int_0^t f(t)\,dt$ 를 라플라스 변환하면?

① $s^2 F(s)$ ② $s F(s)$ ③ $\dfrac{1}{s} F(s)$ ④ $\dfrac{1}{s^2} F(s)$

해설 1

적분 정리에 의하여, $\int_0^t f(t)\,dt$ 의 라플라스 변환은 $\dfrac{1}{s}F(s)$ 이다.

[답] ③

2. 함수 $f(t) = 1 - e^{-at}$ 를 라플라스 변환하면?

① $\dfrac{1}{s+a}$ ② $\dfrac{1}{s(s+a)}$ ③ $\dfrac{a}{s}$ ④ $\dfrac{a}{s(s+a)}$

해설 2

$f(t) = 1 - e^{-at} \Rightarrow F(s) = \dfrac{1}{s} - \dfrac{1}{s+a} = \dfrac{s+a-s}{s(s+a)} = \dfrac{a}{s(s+a)}$

[답] ④

3. 단위 계단 함수 $u(t)$ 에 상수 5를 곱해서 라플라스 변환식을 구하면?

① $\dfrac{s}{5}$ ② $\dfrac{5}{s^2}$ ③ $\dfrac{5}{s-1}$ ④ $\dfrac{5}{s}$

해설 3

단위 계단 함수 $u(t)$ 에 상수 5를 곱한다 라는 뜻은, $f(t) = 5u(t)$ 라는 것이고 이를 라플라스 변환하면, $F(s) = 5 \times \dfrac{1}{s} = \dfrac{5}{s}$ 가 된다.

[답] ④

4. $f(t) = \delta(t) - be^{-bt}$의 라플라스 변환은? (단, $\delta(t)$는 임펄스 함수이다.)

① $\dfrac{b}{s+b}$ ② $\dfrac{s(1-b)+5}{s(s+b)}$ ③ $\dfrac{1}{s(s+b)}$ ④ $\dfrac{s}{s+b}$

해설 4

$f(t) = \delta(t) - be^{-bt} \Rightarrow F(s) = 1 - b\dfrac{1}{s+b} = \dfrac{s+b-b}{s+b} = \dfrac{s}{s+b}$

[답] ④

5. 자동 제어계에서 중량 함수(weight function)라고 불려지는 것은?

① 인디셜   ② 임펄스   ③ 전달 함수   ④ 램프 함수

해설 5

$f(t) = \delta(t)$: 단위 임펄스 함수 = 중량 함수 = 하중 함수

[답] ②

6. 함수 $f(t) = te^{at}$를 옳게 라플라스 변환시킨 것은?

① $\dfrac{1}{(s-a)^2}$ ② $\dfrac{1}{(s-a)}$

③ $\dfrac{1}{s(s-a)}$ ④ $\dfrac{1}{s(s-a)^2}$

해설 6

복소 추이 정리에 의하여,

$f(t) = te^{at} \Rightarrow F(s) = \dfrac{1}{(s-a)^2}$

[답] ①

★★☆☆☆

7. $e^{-2t}\cos 3t$ 의 라플라스 변환은?

① $\dfrac{s+2}{(s+2)^2+3^2}$ ② $\dfrac{s-2}{(s-2)^2+3^2}$

③ $\dfrac{s}{(s+2)^2+3^2}$ ④ $\dfrac{s}{(s-2)^2+3^2}$

해설 7

복소 추이 정리에 의하여,

$f(t)=e^{-2t}\cos 3t \;\Rightarrow\; F(s)=\dfrac{s+2}{(s+2)^2+3^2}$

[답] ①

★★☆☆☆

8. $t^2 e^{at}$ 의 라플라스 변환은?

① $\dfrac{1}{(s-a)^2}$ ② $\dfrac{2}{(s-a)^2}$

③ $\dfrac{1}{(s-a)^3}$ ④ $\dfrac{2}{(s-a)^3}$

해설 8

복소 추이 정리에 의하여,

$f(t)=t^2 e^{at} \;\Rightarrow\; F(s)=\dfrac{2!}{(s-a)^3}=\dfrac{2}{(s-a)^3}$

[답] ④

★★☆☆☆

9. $\dfrac{e^{at}+e^{-at}}{2}$ 의 라플라스 변환은?

① $\dfrac{s}{s^2+a^2}$ ② $\dfrac{s}{s^2-a^2}$

③ $\dfrac{a}{s^2+a^2}$ ④ $\dfrac{a}{s^2-a^2}$

해설 9

$f(t) = \dfrac{e^{at}+e^{-at}}{2} \Rightarrow F(s) = \dfrac{1}{2}\left(\dfrac{1}{s-a}+\dfrac{1}{s+a}\right)$

$= \dfrac{1}{2} \times \dfrac{s+a+s-a}{(s-a)(s+a)} = \dfrac{1}{2} \times \dfrac{2s}{s^2-a^2} = \dfrac{s}{s^2-a^2}$

[답] ②

10. $f(t) = \sin t \cos t$ 를 라플라스 변환하면?

① $\dfrac{1}{s^2+4}$ ② $\dfrac{1}{s^2+2}$

③ $\dfrac{1}{(s+2)^2}$ ④ $\dfrac{1}{(s+4)^2}$

해설 10

$\sin t \cos t$ 식은 직접 라플라스 변환이 안되므로 이를 삼각함수의 가법 정리를 이용하여 식을 변환한 후에 라플라스 변환한다. 즉,

$f(t) = \sin t \cos t = \dfrac{1}{2}\sin 2t \Rightarrow F(s) = \dfrac{1}{2} \times \dfrac{2}{s^2+2^2} = \dfrac{1}{s^2+4}$

[답] ①

11. 그림과 같은 직류 전압의 라플라스 변환을 구하면?

① $\dfrac{E}{s-1}$ ② $\dfrac{E}{s+1}$

③ $\dfrac{E}{s}$ ④ $\dfrac{E}{s^2}$

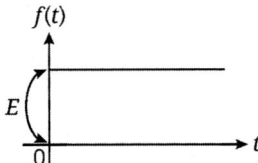

해설 11

문제에 주어진 파형은 크기가 E 인 계단 함수이므로, 이를 시간 함수로 표현하면,

$f(t) = Eu(t)$ 따라서 이의 라플라스 변환은, $F(s) = E \times \dfrac{1}{s} = \dfrac{E}{s}$

[답] ③

12. 그림과 같이 표시된 단위 계단 함수는?

① $u(t)$
② $u(t-a)$
③ $u(t+a)$
④ $-u(t-a)$

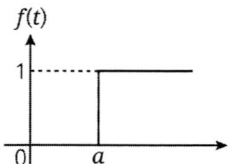

해설 12

문제에 주어진 파형은, 단위 계단 함수 $f(t) = u(t)$가 시간이 0에서 a만큼 시간이 추이(지연)된 파형이므로 이를 식으로 표시하면, $f(t) = u(t-a)$이다.

[답] ②

13. $f(t) = u(t-a) - u(t-b)$ 식으로 표시되는 4각파의 라플라스는?

① $\dfrac{1}{s}(e^{-as} - e^{-bs})$
② $\dfrac{1}{s}(e^{as} + e^{bs})$
③ $\dfrac{1}{s^2}(e^{-as} - e^{-bs})$
④ $\dfrac{1}{s^2}(e^{as} + e^{bs})$

해설 13

문제에 주어진 파형은, 단위 계단 함수 $f(t) = u(t)$가 각각 a, b만큼 시간이 추이(지연)된 파형이므로 이를 라플라스 변환하면,

$$F(s) = \dfrac{1}{s}e^{-as} - \dfrac{1}{s}e^{-bs} = \dfrac{1}{s}(e^{-as} - e^{-bs})$$

[답] ①

14. 다음과 같은 펄스의 라플라스 변환은?

① $\dfrac{1}{T}\left(\dfrac{1-e^{Ts}}{s}\right)^2$
② $\dfrac{1}{T}\left(\dfrac{1+e^{Ts}}{s}\right)^2$
③ $\dfrac{1}{s}(1-e^{-Ts})$
④ $\dfrac{1}{s}(1+e^{Ts})$

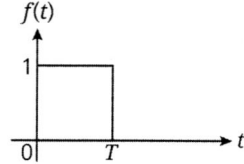

해설 14

(1) 문제에 주어진 파형은 직접 시간 함수식을 표현하지 못하므로 이를 다음과 같이 분해하여,

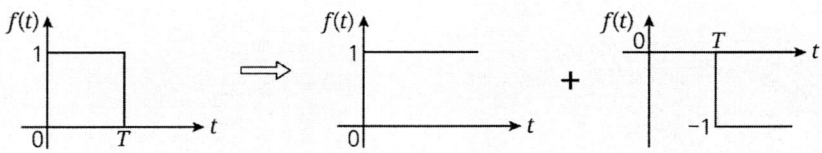

(2) 따라서, 위 파형을 시간 함수로 표현하여 라플라스 변환하면,

- $f(t) = u(t) - u(t-T)$ ⇒ ∴ $F(s) = \dfrac{1}{s} - \dfrac{1}{s}e^{-Ts} = \dfrac{1}{s}(1-e^{-Ts})$

[답] ③

★★☆☆☆

15. 그림과 같은 구형파의 라플라스 변환은?

① $\dfrac{2}{s}(1-e^{4s})$ ② $\dfrac{4}{s}(1-e^{2s})$

③ $\dfrac{2}{s}(1-e^{-4s})$ ④ $\dfrac{4}{s}(1-e^{-2s})$

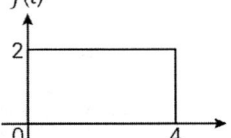

해설 15

(1) 문제에 주어진 파형은 직접 시간 함수식을 표현하지 못하므로 이를 다음과 같이 분해하여,

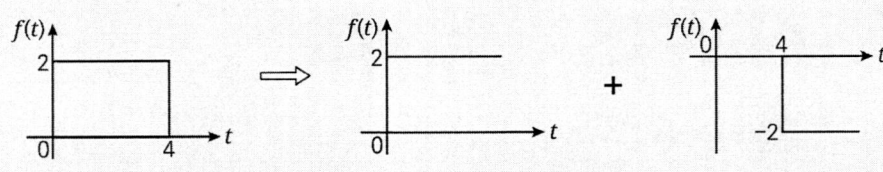

(2) 따라서, 위 파형을 시간 함수로 표현하여 라플라스 변환하면,

- $f(t) = 2u(t) - 2u(t-4)$ ⇒ ∴ $F(s) = \dfrac{2}{s} - \dfrac{2}{s}e^{-4s} = \dfrac{2}{s}(1-e^{-4s})$

[답] ③

16. 그림과 같은 높이가 1인 펄스의 라플라스 변환은?

① $\dfrac{1}{s}(e^{-as} + e^{-bs})$

② $\dfrac{1}{s}(e^{-as} - e^{-bs})$

③ $\dfrac{1}{a-b}(e^{-as} + e^{-bs})$

④ $\dfrac{1}{a-b}(e^{-as} - e^{-bs})$

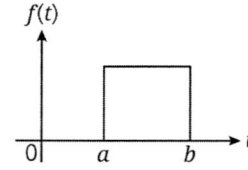

해설 16

(1) 문제에 주어진 파형은 직접 시간 함수식을 표현하지 못하므로 이를 다음과 같이 분해하여,

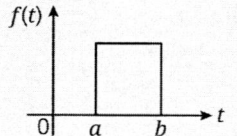 ⇒ 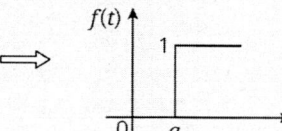 +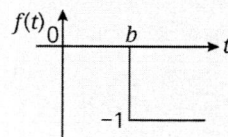

(2) 따라서, 위 파형을 시간 함수로 표현하여 라플라스 변환하면,

- $f(t) = u(t-a) - u(t-b)$ ⇒ ∴ $F(s) = \dfrac{1}{s}e^{-as} - \dfrac{1}{s}e^{-bs} = \dfrac{1}{s}(e^{-as} - e^{-bs})$

[답] ②

17. 그림과 같은 반파 정현파의 라플라스 변환은?

① $\dfrac{E\omega}{s^2+\omega^2}\left(1-e^{-\frac{1}{2}Ts}\right)$

② $\dfrac{Es}{s^2+\omega^2}\left(1-e^{-\frac{1}{2}Ts}\right)$

③ $\dfrac{E\omega}{s^2+\omega^2}\left(1+e^{-\frac{1}{2}Ts}\right)$

④ $\dfrac{Ts}{s^2+\omega^2}\left(1+e^{-\frac{1}{2}Ts}\right)$

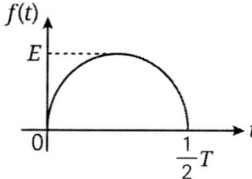

해설 17

(1) 문제에 주어진 파형은 다음과 같이 분해할 수 있다. 즉,

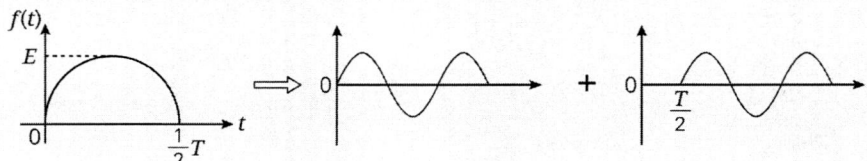

(2) 따라서, 이를 시간 함수로 표현하여 라플라스 변환하면,

- $f(t) = E\sin\omega t + E\sin\left(\omega t - \dfrac{T}{2}\right)$

$\therefore F(s) = E\dfrac{\omega}{s^2+\omega^2} + E\dfrac{\omega}{s^2+\omega^2}e^{-\frac{T}{2}s} = \dfrac{E\omega}{s^2+\omega^2}\left(1+e^{-\frac{T}{2}s}\right)$

[답] ③

18. 다음과 같은 $I(s)$의 초기값 $I(0_+)$가 바르게 구해진 것은?

$$I(s) = \dfrac{2(s+1)}{s^2+2s+5}$$

① $\dfrac{2}{5}$ ② $\dfrac{1}{5}$ ③ 2 ④ -2

해설 18

$\lim\limits_{t\to 0}i(t) = \lim\limits_{s\to\infty}sI(s) = \lim\limits_{s\to\infty}s\times\dfrac{2(s+1)}{s^2+2s+1} = \lim\limits_{s\to\infty}\dfrac{2s^2+2s}{s^2+2s+1} = \lim\limits_{s\to\infty}\dfrac{2+\dfrac{2}{s^2}}{1+\dfrac{2}{s}+\dfrac{1}{s^2}} = 2$

[답] ③

19. 다음과 같은 2개의 전류의 초기값 $i_1(0_+)$, $i_2(0_+)$가 옳게 구해진 것은?

$$I_1(s) = \frac{12(s+8)}{4s(s+6)} \qquad I_2(s) = \frac{12}{s(s+6)}$$

① 3, 0   ② 4, 0   ③ 4, 2   ④ 3, 4

해설 19

(1) $\lim\limits_{t \to 0} i_1(t) = \lim\limits_{s \to \infty} s I_1(s) = \lim\limits_{s \to \infty} s \times \frac{12(s+8)}{4s(s+6)} = \lim\limits_{s \to \infty} \frac{12s^2 + 96s}{4s^2 + 24s} = \lim\limits_{s \to \infty} \frac{12 + \frac{96}{s}}{4 + \frac{24}{s}} = 3$

(2) $\lim\limits_{t \to 0} i_2(t) = \lim\limits_{s \to \infty} s I_2(s) = \lim\limits_{s \to \infty} s \times \frac{12}{s(s+6)} = \lim\limits_{s \to \infty} \frac{12}{s+6} = 0$

[답] ①

20. 다음과 같은 전류의 초기값 $I(0_+)$를 구하면?

$$I(s) = \frac{12}{2s(s+6)}$$

① 6   ② 2   ③ 1   ④ 0

해설 20

$\lim\limits_{t \to 0} i(t) = \lim\limits_{s \to \infty} s I(s) = \lim\limits_{s \to \infty} s \times \frac{12}{2s(s+6)} = \lim\limits_{s \to \infty} \frac{12}{2(s+6)} = 0$

[답] ④

21. $F(s) = \dfrac{3s+10}{s^3 + 2s^2 + 5s}$ 일 때 $f(t)$의 최종값은?

① 0   ② 1   ③ 2   ④ 8

해설 21

$\lim\limits_{t \to \infty} f(t) = \lim\limits_{s \to 0} s F(s) = \lim\limits_{s \to 0} s \times \frac{3s+10}{s^3 + 2s^2 + 5s} = \lim\limits_{s \to 0} \frac{3s+10}{s^2 + 2s + 5} = \frac{10}{5} = 2$

[답] ③

22. 어떤 제어계의 출력 $C(s)$가 다음과 같이 주어질 때 출력의 시간 함수 $c(t)$의 정상값은?

$$C(s) = \frac{2}{s(s^2+s+3)}$$

① 2　　② 3　　③ $\frac{3}{2}$　　④ $\frac{2}{3}$

해설 22

$$\lim_{t \to \infty} c(t) = \lim_{s \to 0} s\, C(s) = \lim_{s \to 0} s \times \frac{2}{s(s^2+s+3)} = \lim_{s \to 0} \frac{2}{s^2+s+3} = \frac{2}{3}$$

[답] ④

23. 어떤 제어계의 출력이 $C(s) = \dfrac{s+0.5}{s(s^2+s+2)}$ 로 주어질 때 정상값은?

① 4　　② 2　　③ 0.5　　④ 0.25

해설 23

$$\lim_{t \to \infty} c(t) = \lim_{s \to 0} s\, C(s) = \lim_{s \to 0} s \times \frac{s+0.5}{s(s^2+s+2)} = \lim_{s \to 0} \frac{s+0.5}{s^2+s+2} = \frac{0.5}{2} = 0.25$$

[답] ④

24. $F(s) = \dfrac{2s+3}{s^2+3s+2}$ 의 시간 함수는?

① $e^{-t} - e^{-2t}$
② $e^{-t} + e^{-2t}$
③ $e^{-t} + 2e^{-2t}$
④ $e^{-t} - 2e^{-2t}$

해설 24

(1) 우선, 주어진 식을 부분 분수 전개하면,

- $\dfrac{2s+3}{s^2+3s+2} = \dfrac{2s+3}{(s+1)(s+2)} = \dfrac{A}{s+1} + \dfrac{B}{s+2}$
- $A = \dfrac{2s+3}{(s+1)(s+2)} \times (s+1) = \left|\dfrac{2s+3}{s+2}\right|_{s=-1} = 1$,
- $B = \dfrac{2s+3}{(s+1)(s+2)} \times (s+2) = \left|\dfrac{2s+3}{(s+1)}\right|_{s=-2} = 1$

(2) 따라서, 라플라스 역변환하여,

- $\dfrac{1}{s+1} + \dfrac{1}{s+2} \Rightarrow e^{-t} + e^{-2t}$

[답] ②

25. $f(t) = \mathcal{L}^{-1}\left[\dfrac{s^2+3s+10}{s^2+2s+5}\right]$ 은?

① $\delta(t) + e^{-t}(\cos 2t - \sin 2t)$
② $\delta(t) + e^{-t}(\cos 2t + 2\sin 2t)$
③ $\delta(t) + e^{-t}(\cos 2t - 2\sin 2t)$
④ $\delta(t) + e^{-t}(\cos 2t + \sin 2t)$

해설 25

(1) 우선, 주어진 식을 부분 분수 전개하면,

- $\dfrac{s^2+3s+10}{s^2+2s+5} = \dfrac{s^2+2s+5+s+5}{s^2+2s+5} = 1 + \dfrac{s+5}{(s+1)^2+2^2}$
$= 1 + \dfrac{s+1}{(s+1)^2+2^2} + \dfrac{2\times 2}{(s+1)^2+2^2}$

(2) 따라서, 라플라스 역변환하여,

- $\delta(t) + e^{-2t}\cos t + 2e^{-2t}\sin 2t = \delta(t) + e^{-t}(\cos 2t + 2\sin 2t)$

[답] ②

26. $f(t) = \mathcal{L}^{-1}\left[\dfrac{1}{s^2+6s+10}\right]$ 의 값은 얼마인가?

① $e^{-3t}\sin t$ ② $e^{-3t}\cos t$
③ $e^{-t}\sin 5t$ ④ $e^{-t}\sin 5\omega t$

해설 26

$F(s) = \dfrac{1}{s^2+6s+10} = \dfrac{1}{(s+3)^2+1}$ $\Rightarrow$ $\therefore f(t) = e^{-3t}\sin t$

[답] ①

27. 다음 함수 $F(s) = \dfrac{5s+3}{s(s+1)}$ 의 역라플라스 변환은 어떻게 되는가?

① $2+3e^{-t}$ ② $3+2e^{-t}$
③ $3-2e^{-t}$ ④ $2-3e^{-t}$

해설 27

(1) 우선, 주어진 식을 부분 분수 전개하면,

- $\dfrac{5s+3}{s(s+1)} = \dfrac{A}{s} + \dfrac{B}{s+1}$

  - $A = \dfrac{5s+3}{s(s+1)} \times s = \left|\dfrac{5s+3}{s+1}\right|_{s=0} = 3$,

  - $B = \dfrac{5s+3}{s(s+1)} \times (s+1) = \left|\dfrac{5s+3}{s}\right|_{s=-1} = 2$

(2) 따라서, 라플라스 역변환하여,

- $\dfrac{3}{s} + \dfrac{2}{s+1}$ $\Rightarrow$ $3+2e^{-t}$

[답] ②

28. $F(s) = \dfrac{s+1}{s^2+2s}$ 로 주어졌을 때 $F(s)$ 역변환을 한 것은?

① $\dfrac{1}{2}(1+e^t)$ ② $\dfrac{1}{2}(1-e^{-t})$

③ $\dfrac{1}{2}(1+e^{-2t})$ ④ $\dfrac{1}{2}(1-e^{-2t})$

해설 28

(1) 우선, 주어진 식을 부분 분수 전개하면,

- $\dfrac{s+1}{s^2+2s} = \dfrac{s+1}{s(s+2)} = \dfrac{A}{s} + \dfrac{B}{s+2}$

  - $A = \dfrac{s+1}{s(s+2)} \times s = \left.\dfrac{s+1}{s+2}\right|_{s=0} = \dfrac{1}{2}$,

  - $B = \dfrac{s+1}{s(s+2)} \times (s+2) = \left.\dfrac{s+1}{s}\right|_{s=-2} = \dfrac{1}{2}$

(2) 따라서, 라플라스 역변환하여,

- $\dfrac{\frac{1}{2}}{s} + \dfrac{\frac{1}{2}}{s+2}$ ⇒ $\dfrac{1}{2} + \dfrac{1}{2}e^{-2t} = \dfrac{1}{2}(1+e^{-2t})$

[답] ③

29. $\mathcal{L}^{-1}\left[\dfrac{1}{s^2+a^2}\right]$ 은 어느 것인가?

① $\sin at$ ② $\dfrac{1}{a}\sin at$

③ $\cos at$ ④ $\dfrac{1}{a}\cos at$

해설 29

- $F(s) = \dfrac{1}{s^2+a^2} = \dfrac{1}{a} \times \dfrac{a}{s^2+a^2}$ ⇒ ∴ $f(t) = \dfrac{1}{a}\sin at$

[답] ②

30. 라플라스 변환 함수 $F(s) = \dfrac{s+2}{s^2+4s+13}$ 에 대한 역변환 함수 $f(t)$는?

① $e^{-2t}\cos 3t$
② $e^{-3t}\sin 2t$
③ $e^{3t}\cos 2t$
④ $e^{2t}\sin 3t$

해설 30

- $f(S) = \dfrac{s+2}{s^2+4s+13} = \dfrac{s+2}{(s+2)^2+9} = \dfrac{s+2}{(s+2)^2+3^2} \Rightarrow \therefore f(t) = e^{-2t}\cos 3t$

[답] ①

31. $F(s) = \dfrac{s+2}{(s+1)^2}$ 의 라플라스 역변환은?

① $e^{-t} - te^{-t}$
② $e^{-t} + te^{-t}$
③ $1 - te^{-t}$
④ $1 + te^{-t}$

해설 31

(1) 우선, 주어진 식을 부분 분수 전개하면,

- $\dfrac{s+2}{(s+1)^2} = \dfrac{A}{(s+1)^2} + \dfrac{B}{s+1}$

  - $A = \dfrac{s+2}{(s+1)^2} \times (s+1)^2 = |s+2|_{s=-1} = 1$,

    $B = \dfrac{d}{ds}\left\{\dfrac{s+2}{(s+1)^2} \times (s+1)^2\right\} = \dfrac{d}{ds}(s+2) = 1$

(2) 따라서, 라플라스 역변환하여,

- $F(s) = \dfrac{1}{(s+1)^2} + \dfrac{1}{s+1} \Rightarrow f(t) = te^{-t} + e^{-t}$

[답] ②

32. $F(s) = \dfrac{1}{(s+1)^2(s+2)}$ 의 역라플라스 변환을 구하여라.

① $e^{-t} + te^{-t} + e^{-2t}$ ② $-e^{-t} + te^{-t} + e^{-2t}$
③ $e^{-t} - te^{-t} + e^{-2t}$ ④ $e^{-t} + te^{-t} + e^{2t}$

해설 32

(1) 우선, 주어진 식을 부분 분수 전개하면,

- $\dfrac{1}{(s+1)^2(s+2)} = \dfrac{A}{(s+1)^2} + \dfrac{B}{s+1} + \dfrac{C}{s+2}$

- $A = \dfrac{1}{(s+1)^2(s+2)} \times (s+1)^2 = \left.\dfrac{1}{s+2}\right|_{s=-1} = 1$,

- $B = \dfrac{d}{ds}\left\{\dfrac{1}{(s+1)^2(s+2)} \times (s+1)^2\right\} = \dfrac{d}{ds}\left\{\dfrac{1}{s+2}\right\} = \left.\dfrac{-1}{(s+2)^2}\right|_{s=-1} = -1$

- $C = \dfrac{1}{(s+1)^2(s+2)} \times (s+2) = \left.\dfrac{1}{(s+1)^2}\right|_{s=-2} = 1$

(2) 따라서, 라플라스 역변환하여,

- $F(s) = \dfrac{1}{(s+1)^2} - \dfrac{1}{s+1} + \dfrac{1}{s+2} \Rightarrow f(t) = te^{-t} - e^{-t} + e^{-2t}$

[답] ②

33. $\mathcal{L}^{-1}\left[\dfrac{s}{(s+1)^2}\right]$ 는?

① $e^{-t} - te^{-t}$ ② $e^{-t} + 2te^{-t}$
③ $e^{t} - te^{-t}$ ④ $e^{-t} + te^{-t}$

해설 33

(1) 우선, 주어진 식을 부분 분수 전개하면,

- $\dfrac{s}{(s+1)^2} = \dfrac{A}{(s+1)^2} + \dfrac{B}{s+1}$

- $A = \dfrac{s}{(s+1)^2} \times (s+1)^2 = |s|_{s=-1} = -1$,

  $B = \dfrac{d}{ds}\left\{\dfrac{s}{(s+1)^2} \times (s+1)^2\right\} = \dfrac{d}{ds}\{s\} = 1$

(2) 따라서, 라플라스 역변환하여,

- $F(s) = \dfrac{-1}{(s+1)^2} + \dfrac{1}{s+1} \;\Rightarrow\; f(t) = -te^{-t} + e^{-t}$

[답] ①

---

34. $\dfrac{di(t)}{dt} + 4i(t) + 4\displaystyle\int i(t)\,dt = 50\,u(t)$ 를 라플라스 변환하여 풀면 전류는?

(단, $t=0$ 에서 $i(0)=0$, $\displaystyle\int_{-\infty}^{0} i(t) = 0$ 이다.)

① $50e^{2t}(1+t)$ 　　② $e^{t}(1+5t)$

③ $\dfrac{1}{4}(1-e^{t})$ 　　④ $50te^{-2t}$

해설 34

(1) 우선, 문제에 주어진 미분 방정식을 라플라스 변환하면,

- $\dfrac{di(t)}{dt} + 4i(t) + 4\displaystyle\int i(t)\,dt = 50\,u(t) \;\Rightarrow\;$ $sI(s) + 4I(s) + \dfrac{4}{s}I(s) = \dfrac{50}{s}$

(2) 위 식을 전류 $I(s)$에 대해서 정리한 후, 역라플라스 변환하면,

- $I(s) = \dfrac{50}{s\left(s+4+\dfrac{4}{s}\right)} = \dfrac{50s}{s(s^2+4s+4)} = \dfrac{50}{s^2+4s+4} = \dfrac{50}{(s+2)^2}$

  $\Rightarrow \;\therefore\; i(t) = 50te^{-2t}$

[답] ④

35. $\dfrac{d^2 x(t)}{dt^2} + 2\dfrac{dx(t)}{dt} + x(t) = 1$ 에서 $x(t)$는 얼마인가?

(단, $x(0) = x'(0) = 0$ 이다.)

① $te^{-t} - e^{-t}$ ② $te^{-t} + e^{-t}$
③ $1 - te^{-t} - e^{-t}$ ④ $1 + te^{-t} + e^{-t}$

해설 35

(1) 우선, 문제에 주어진 미분 방정식을 라플라스 변환하면,

- $\dfrac{d^2 x(t)}{dt^2} + 2\dfrac{dx(t)}{dt} + x(t) = 1 \quad \Rightarrow \quad$ • $s^2 X(s) + 2s X(s) + X(s) = \dfrac{1}{s}$

(2) 위 식을 $X(s)$에 대해서 정리한 후, 부분 분수 전개하면,

- $X(s) = \dfrac{1}{s(s^2 + 2s + 1)} = \dfrac{1}{s(s+1)^2} = \dfrac{A}{s} + \dfrac{B}{(s+1)^2} + \dfrac{C}{s+1}$

- $A = \dfrac{1}{s(s+1)^2} \times s = \left. \dfrac{1}{(s+1)^2} \right|_{s=0} = 1$

- $B = \dfrac{1}{s(s+1)^2} \times (s+1)^2 = \left. \dfrac{1}{s} \right|_{s=-1} = -1$

- $C = \dfrac{d}{ds}\left\{\dfrac{1}{s(s+1)^2} \times (s+1)^2\right\} = \dfrac{d}{ds}\left\{\dfrac{1}{s}\right\} = \left. \dfrac{-1}{s^2} \right|_{s=-1} = -1$

(3) 따라서, 라플라스 역변환하여,

- $X(s) = \dfrac{1}{s} - \dfrac{1}{(s+1)^2} - \dfrac{1}{s+1} \quad \Rightarrow \quad x(t) = 1 - te^{-t} - e^{-t}$

[답] ③

Chapter 14

전달 함수

01. 제어 시스템에서의 전달 함수

02. 회로망에서의 전달 함수

03. 블록 선도 및 신호 흐름 선도에서의 전달 함수

04. 블록 선도 및 신호 흐름 선도의 특수한 경우

- 적중실전문제

Chapter 14 전달 함수

01 제어 시스템에서의 전달 함수

1) 전달 함수의 정의
   (1) 제어 시스템에서 전달 함수란, 제어 장치의 입력 신호에 대하여 출력 신호가 어떻게 나오는가의 관계를 나타내는 비이다.
   (2) 즉, 제어 장치의 입력 신호 $R(s)$에 대하여 출력 신호 $C(s)$가 나올 때의 전달 함수는 다음과 같이 표현할 수 있다.

   $$G(s) = \frac{C(s)}{R(s)} = \frac{출력을\ 라플라스\ 변환한\ 값}{입력을\ 라플라스\ 변환한\ 값}$$

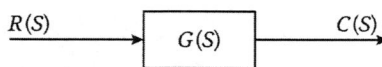

〈제어 시스템의 전달 함수〉

2) 전달 함수의 성질
   (1) 제어 시스템의 초기 조건은 0으로 한다.
   (2) 제어 시스템의 전달 함수는 s만의 함수로 표시된다.
   (3) 전달 함수는 선형 시스템에만 적용되고, 비선형 시스템에는 적용되지 않는다.
   (4) 전달 함수는 시스템의 입력과는 무관하다.

예제 1

전달 함수의 성질 중 옳지 않은 것은?
① 어떤 계의 전달 함수는 그 계에 대한 임펄스 응답의 라플라스 변환과 같다.
② 전달 함수 $P(s)$인 계의 입력이 임펄스 함수 δ 함수이고 모든 초기값이 0이면 그 계의 출력 변화는 $P(s)$와 같다.
③ 계의 전달 함수는 계의 미분 방정식을 라플라스 변환하고 초기값에 의하여 생긴 항을 무시하면 $P(s) = \mathcal{L}^{-1}\left[\dfrac{Y^2}{X^2}\right]$와 같이 얻어진다.
④ 계 전달 함수의 분모를 0으로 놓으면 이것이 곧 특성 방정식이 된다.

【해설】
계의 전달 함수는 계의 미분 방정식을 라플라스 변환하고 초기값에 의하여 생긴 항을 무시하면 $P(s) = \dfrac{Y(s)}{X(s)}$와 같이 얻어진다.

[답] ③

3) 전달 함수의 종류

(1) 비례 요소

입력 신호 $X(s)$에 대하여 출력 신호 $Y(s)$가 어떤 이득 상수 K에 비례해서 나타나는 제어 장치의 전달 함수 요소이다.

- $C(s) = R(s) \cdot G(s) \Rightarrow \therefore G(s) = \dfrac{C(s)}{R(s)} = K$

$R(S) \longrightarrow \boxed{K} \longrightarrow C(S)$

⟨비례 요소를 갖는 제어 장치⟩

(2) 미분 요소

입력 신호 $X(s)$에 대하여 출력 신호 $Y(s)$가 어떤 미분 동작 Ks에 의해서 나타나는 제어 장치의 전달 함수 요소이다.

- $G(s) = \dfrac{C(s)}{R(s)} = Ks$

$R(S) \longrightarrow \boxed{KS} \longrightarrow C(S)$

⟨미분 요소를 갖는 제어 장치⟩

(3) 적분 요소

입력 신호 $X(s)$에 대하여 출력 신호 $Y(s)$가 어떤 적분 동작 $\dfrac{K}{s}$에 의해서 나타나는 제어 장치의 전달 함수 요소이다.

- $G(s) = \dfrac{C(s)}{R(s)} = \dfrac{K}{s}$

$R(S) \longrightarrow \boxed{\dfrac{K}{S}} \longrightarrow C(S)$

⟨적분 요소를 갖는 제어 장치⟩

(4) 1차 지연 요소

입력 신호 $X(s)$에 대하여 출력 신호 $Y(s)$가 $\dfrac{K}{Ts+1}$만큼 1차 함수적으로 지연되어 나타나는 제어 장치의 전달 함수 요소이다.

- $G(s) = \dfrac{C(s)}{R(s)} = \dfrac{K}{Ts+1}$

〈1차 지연 요소를 갖는 제어 장치〉

(5) 부동작 시간 요소

입력 신호 $X(s)$에 대하여 출력 신호 $Y(s)$가 어떤 영향도 받지 않는 제어 장치의 전달 함수 요소이다.

- $G(s) = \dfrac{C(s)}{R(s)} = Ke^{-Ls}$

〈부동작 시간 요소를 갖는 제어 장치〉

예제 2

다음 사항 중 옳게 표현된 것은?
① 비례 요소의 전달 함수는 $\dfrac{1}{Ts}$이다.
② 미분 요소의 전달 함수는 K이다.
③ 적분 요소의 전달 함수는 Ts이다.
④ 1차 지연 요소의 전달 함수는 $\dfrac{K}{Ts+1}$이다.

【해설】
(1) 비례 요소 : $G(s) = K$ (2) 미분 요소 : $G(s) = Ks$
(3) 적분 요소 : $G(s) = \dfrac{K}{s}$ (4) 1차 지연 요소 : $G(s) = \dfrac{K}{Ts+1}$

[답] ④

02 회로망에서의 전달 함수

1) 회로망에서 전달 함수 산출법

(1) 그림과 같은 회로에서 출력 전압 V_0에 대해서 전달 함수를 구하고자 하면, 전압 분배의 법칙에 의해서 그 값을 산출할 수 있다. 즉,

- $V_0 = \dfrac{R_2}{R_1 + R_2} \times V_i$

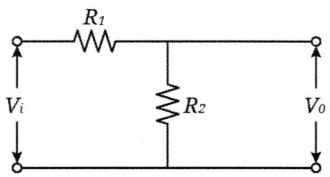

(2) 전달 함수의 정의는, 입력 신호 V_i에 대하여 출력 신호 V_0의 비 이므로, 위 식을 입력과 출력 비의 식으로 나타내면,

- $G(s) = \dfrac{V_0}{V_i} = \dfrac{R_2}{R_1 + R_2}$ 로 된다.

2) 회로 요소의 임피던스($Z[\Omega]$) 표현

(1) 인덕턴스

- $L[H] \Rightarrow Z_L = j\omega L = sL \, [\Omega]$

(2) 정전 용량

- $C[F] \Rightarrow Z_c = \dfrac{1}{j\omega C} = \dfrac{1}{sC} \, [\Omega]$

예제 3

그림과 같은 회로의 전달 함수는? (단, $T = RC$ 이다.)

① $G(s) = \dfrac{1}{Ts+1}$

② $G(s) = \dfrac{T}{s+1}$

③ $G(s) = Ts+1$

④ $G(s) = \dfrac{Ts+1}{s}$

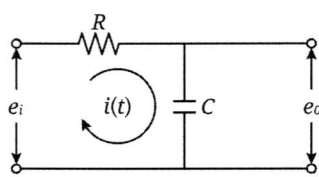

【해설】

$$G(s) = \frac{E_0}{E_i} = \frac{\dfrac{1}{sC}}{R + \dfrac{1}{sC}} = \frac{1}{RCs+1} = \frac{1}{Ts+1}$$

[답] ①

예제 4

그림과 같은 회로의 전달 함수는 어느 것인가?

① $\dfrac{C_1}{C_1 + C_2}$

② $\dfrac{C_2}{C_1 + C_2}$

③ $\dfrac{C_1 + C_2}{C_1}$

④ $\dfrac{C_1 + C_2}{C_2}$

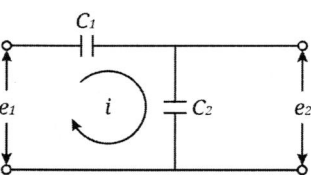

【해설】

$$G(s) = \frac{E_2}{E_1} = \frac{\dfrac{1}{sC_2}}{\dfrac{1}{sC_1} + \dfrac{1}{sC_2}} = \frac{C_1}{C_2 + C_1}$$

[답] ①

예제 5

회로망의 전달 함수 $H(s) = \dfrac{V_2(s)}{V_1(s)}$ 를 구하면?

① $\dfrac{1}{1+LCs^2}$

② $\dfrac{1}{1+LCs}$

③ $\dfrac{s}{1+LCs^2}$

④ $\dfrac{LCs}{1+LCs^2}$

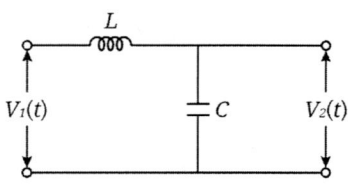

【해설】

$$G(s) = \dfrac{V_2}{V_1} = \dfrac{\dfrac{1}{sC}}{sL + \dfrac{1}{sC}} = \dfrac{1}{s^2LC+1}$$

[답] ①

예제 6

R-C 저역 필터 회로의 전달 함수 $G(j\omega)$ 는 $\omega = 0$ 에서 얼마인가?

① 0
② 0.5
③ 1
④ 0.707

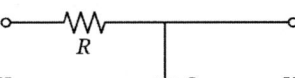

【해설】

$$G(j\omega) = \dfrac{V_2}{V_1} = \dfrac{\dfrac{1}{j\omega C}}{R + \dfrac{1}{j\omega C}} = \dfrac{1}{j\omega RC+1}\bigg|_{\omega=0} = 1$$

[답] ③

03 블록 선도 및 신호 흐름 선도에서의 전달 함수

1) 블록 선도에서 전달 함수 산출법

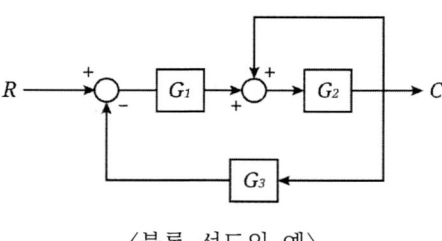

〈블록 선도의 예〉

(1) 그림과 같은 블록 선도에서 전달 함수 $G(s)$는 다음과 같은 메이슨 공식을 적용하여 산출한다.

- $G(s) = \dfrac{C(s)}{R(s)} = \dfrac{경로}{1 - 폐루프}$

(2) 즉, 위 블록 선도에 메이슨 식을 적용하면,

- $G(s) = \dfrac{C(s)}{R(s)} = \dfrac{G_1 \times G_2}{1 - (-G_1 \times G_2 \times G_3) - (G_2)} = \dfrac{G_1 G_2}{1 + G_1 G_2 G_3 - G_2}$

예제 7

다음과 같은 블록 선도의 등가 합성 전달 함수는?

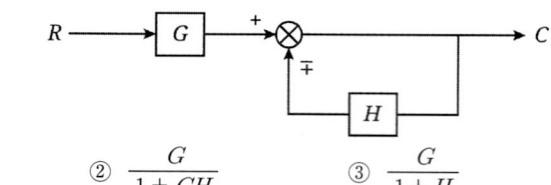

① $\dfrac{1}{1 \pm GH}$ ② $\dfrac{G}{1 \pm GH}$ ③ $\dfrac{G}{1 \pm H}$ ④ $\dfrac{1}{1 \pm H}$

【해설】

$G(s) = \dfrac{C(s)}{R(s)} = \dfrac{G}{1 - (\mp H)} = \dfrac{G}{1 \pm H}$

[답] ③

예제 8

그림과 같은 피드백 회로의 종합 전달 함수는?

① $\dfrac{1}{G_1} + \dfrac{1}{G_2}$

② $\dfrac{G_1}{1 - G_1 G_2}$

③ $\dfrac{G_1}{1 + G_1 G_2}$

④ $\dfrac{G_1 G_2}{1 + G_1 G_2}$

【해설】

$$G(s) = \frac{C(s)}{R(s)} = \frac{G_1}{1-(-G_1 G_2)} = \frac{G_1}{1+G_1 G_2}$$

[답] ③

예제 9

그림과 같은 블록 선도에서 $\dfrac{C}{R}$ 의 값은?

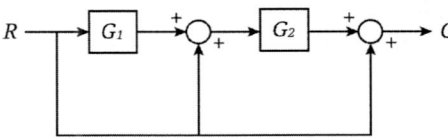

① $1 + G_1 + G_1 G_2$ ② $1 + G_2 + G_1 G_2$ ③ $\dfrac{G_1 + G_2}{1 - G_2 - G_1 G_2}$ ④ $\dfrac{(1+G_1)G_2}{1-G_2}$

【해설】

$$G(s) = \frac{C(s)}{R(s)} = \frac{G_1 G_2 + G_2 + 1}{1 - 0} = 1 + G_2 + G_1 G_2$$

[답] ②

2) 신호 흐름 선도에서 전달 함수 산출법

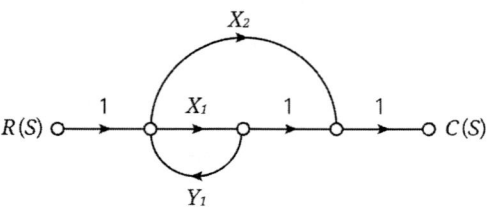

(1) 그림과 같은 신호 흐름선도에서도 전달 함수 $G(s)$는 다음과 같은 메이슨 공식을 적용하여 산출한다.

- $G(s) = \dfrac{C(s)}{R(s)} = \dfrac{경로}{1-폐루프}$

(2) 즉, 위 신호 흐름 선도에 메이슨 식을 적용하면,

- $G(s) = \dfrac{C(s)}{R(s)} = \dfrac{1 \times X_1 \times 1 \times 1 + 1 \times X_2 \times 1}{1-(X_1 \times Y_1)} = \dfrac{X_1 + X_2}{1 - X_1 Y_1}$

예제 10

그림과 같은 신호 흐름 선도에서 전달 함수 $\dfrac{C(s)}{R(s)}$는?

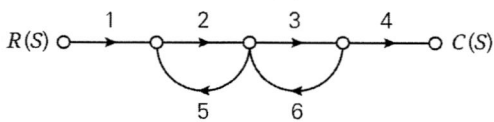

① $-\dfrac{8}{9}$ ② $\dfrac{4}{5}$ ③ 180   ④ 10

【해설】

$G(s) = \dfrac{C(s)}{R(s)} = \dfrac{1 \times 2 \times 3 \times 4}{1-(2 \times 5)-(3 \times 6)} = \dfrac{24}{-27} = -\dfrac{8}{9}$

[답] ①

예제 11

그림과 같은 신호 흐름 선도에서 전달 함수 $\dfrac{C(s)}{R(s)}$ 는?

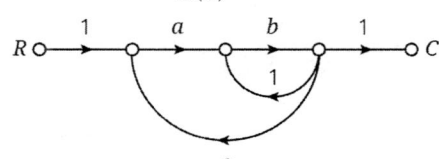

① $\dfrac{ab}{1+b-abc}$ ② $\dfrac{ab}{1-b-abc}$ ③ $\dfrac{ab}{1-b+abc}$ ④ $\dfrac{ab}{1-ab+abc}$

【해설】
$$G(s) = \frac{C(s)}{R(s)} = \frac{1 \times a \times b \times 1}{1-(b \times 1)-(a \times b \times c)} = \frac{ab}{1-b-abc}$$

[답] ②

04 블록 선도 및 신호 흐름 선도의 특수한 경우

1) 입력이 2개인 블록 선도에서의 전달 함수

(1) 그림과 같이 2중 입력(R, U)인 블록 선도에서 전체 전달 함수는 각각의 입력에 대하여 별도로 전달 함수을 구한 후, 두 결과를 더하여 구한다.

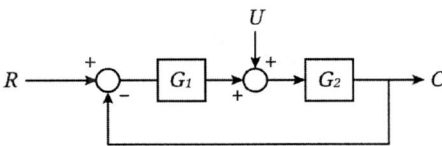

(2) 즉, 위 블록 선도에 메이슨 식을 적용하면,

① $\dfrac{C(s)}{R(s)} = \dfrac{G_1 \times G_2}{1-(-G_1 \times G_2)} = \dfrac{G_1 G_2}{1+G_1 G_2}$

② $\dfrac{C(s)}{U(s)} = \dfrac{G_2}{1-(-G_1 \times G_2)} = \dfrac{G_2}{1+G_1 G_2}$

∴ $G(s) = \dfrac{C(s)}{R(s)} + \dfrac{C(s)}{U(s)} = \dfrac{G_1 G_2}{1+G_1 G_2} + \dfrac{G_2}{1+G_1 G_2}$

예제 12

그림의 전체 전달 함수는?

① 0.22
② 0.33
③ 1.22
④ 3.12

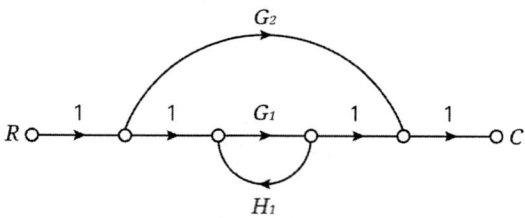

【해설】

① $\dfrac{C}{A} = \dfrac{3 \times 5}{1-(-3 \times 5 \times 4)} = \dfrac{15}{61}$

② $\dfrac{C}{B} = \dfrac{5}{1-(-5 \times 4 \times 3)} = \dfrac{5}{61}$

$\therefore G(s) = \dfrac{C}{A} + \dfrac{C}{B} = \dfrac{15}{61} + \dfrac{5}{61} = \dfrac{20}{61} = 0.33$

[답] ②

2) 경로에 접하지 않는 폐루프가 있는 신호 흐름 선도에서의 전달 함수

(1) 그림과 같이 어떤 경로에 접하지 않는 폐루프가 존재하는 신호 흐름 선도의 전달 함수는 다음과 같은 메이슨 공식을 적용한다.

- $\dfrac{C(s)}{R(s)} = \dfrac{\text{폐루프에 접하는 경로} + \text{폐루프에 접하지 않는 경로} \times (1-\text{폐루프})}{1-\text{폐루프}}$

(2) 위 블록 선도에 메이슨 식을 적용하면,

- $G(s) = \dfrac{C(s)}{R(s)} = \dfrac{G_1 + G_2(1 - G_1 H_1)}{1 - G_1 H_1}$

(즉, G_2가 폐루프($G_1 H_1$)에 접하지 않는 경로이다.)

3) 종속 접속인 신호 흐름 선도에서의 전달 함수
(1) 직렬 종속 접속

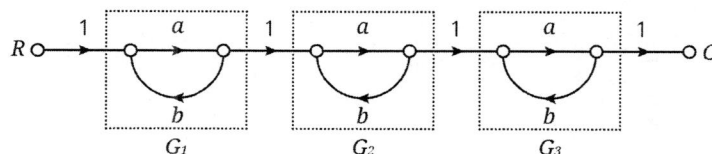

① G_1, G_2, G_3가 서로 직렬로 종속적인 관계로서, 우선 각각의 전달 함수를 구한다.
- $G_1 = G_2 = G_3 = \dfrac{a}{1-ab}$

② 따라서, 전체 전달 함수는,
- $G = G_1 \times G_2 \times G_3 = \dfrac{a}{1-ab} \times \dfrac{a}{1-ab} \times \dfrac{a}{1-ab} = \dfrac{a^3}{(1-ab)^3}$

(2) 병렬 종속 접속

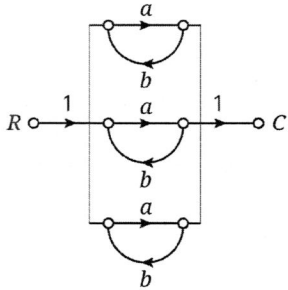

① G_1, G_2, G_3가 서로 병렬로 종속적인 관계로서, 마찬가지로 각각의 전달 함수를 구한다.
- $G_1 = G_2 = G_3 = \dfrac{a}{1-ab}$

② 따라서, 전체 전달 함수는,
- $G = G_1 + G_2 + G_3 = \dfrac{a}{1-ab} + \dfrac{a}{1-ab} + \dfrac{a}{1-ab} = \dfrac{3a}{1-ab}$

예제 13

그림과 같은 신호 흐름 선도에서 전달 함수 $\dfrac{C(s)}{R(s)}$ 는?

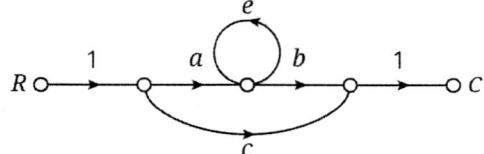

① $\dfrac{ab+c(1-e)}{1-e}$ ② $\dfrac{ab+c}{1-e}$ ③ $ab+c$ ④ $\dfrac{ab+c(1+e)}{1+e}$

【해설】
문제에 주어진 선도는 c 경로에 접하지 않는 폐루프(e)가 있는 경우이다. 따라서,

- $G(s) = \dfrac{1 \times a \times b \times 1 + c \times (1-e)}{1-e} = \dfrac{ab+c(1-e)}{1-e}$

[답] ①

Chapter 14. 전달 함수
적중실전문제

1. 그림의 전기회로에서 전달 함수는?

① $\dfrac{LRs}{LCs^2+RCs+1}$

② $\dfrac{Cs}{LCs^2+RCs+1}$

③ $\dfrac{RCs}{LCs^2+RCs+1}$

④ $\dfrac{LRC}{LCs^2+RCs+1}$

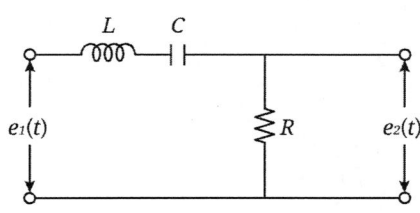

해설 1

$$G(s)=\dfrac{C(s)}{R(s)}=\dfrac{R}{Ls+\dfrac{1}{Cs}+R}=\dfrac{RCs}{LCs^2+RCs+1}$$

[답] ③

2. 그림과 같은 회로에서 e_i를 입력, e_0를 출력으로 할 경우 전달함수는?

① $\dfrac{s}{LCs^2+RCs+1}$

② $\dfrac{1}{LCs^2+RCs+1}$

③ $\dfrac{Ls}{LCs^2+RCs+1}$

④ $\dfrac{Cs}{LCs^2+RCs+1}$

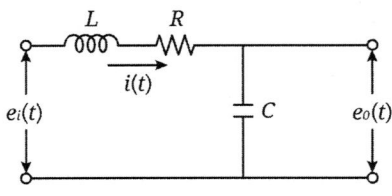

해설 2

$$G(s)=\dfrac{C(s)}{R(s)}=\dfrac{\dfrac{1}{Cs}}{Ls+R+\dfrac{1}{Cs}}=\dfrac{1}{LCs^2+RCs+1}$$

[답] ②

3. 다음 회로의 전달 함수 $G(s) = E_0(s)/E_i(s)$는 얼마인가?

① $\dfrac{(R_1+R_2)C_2s+1}{R_2C_2s+1}$

② $\dfrac{R_2C_2s+1}{(R_1+R_2)C_2s+1}$

③ $\dfrac{R_2C_2+1}{(R_1+R_2)C_2s+1}$

④ $\dfrac{(R_1+R_2)C_2+1}{R_2C_2s+1}$

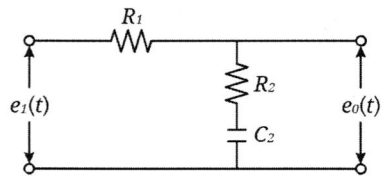

해설 3

$$G(s) = \frac{C(s)}{R(s)} = \frac{R_2 + \dfrac{1}{C_2s}}{R_1 + R_2 + \dfrac{1}{C_2s}} = \frac{R_2C_2s+1}{(R_1+R_2)C_2s+1}$$

[답] ②

4. 그림과 같은 회로의 전압비 전달함수 $H(j\omega)$는 얼마인가?
(단, 입력 $v(t)$는 정현파 교류 전압이며, 출력은 v_R이다.)

① $\dfrac{j\omega}{(5-\omega^2)+j\omega}$

② $\dfrac{j\omega}{(5+\omega^2)+j\omega}$

③ $\dfrac{j\omega}{(5-\omega)^2+j\omega}$

④ $\dfrac{j\omega}{(5+\omega)^2+j\omega}$

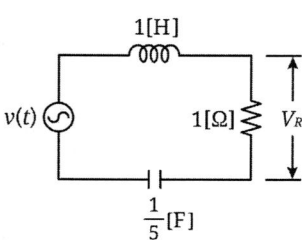

해설 4

$$G(j\omega) = \frac{V_R(s)}{V(s)} = \frac{R}{j\omega L + R + \frac{1}{j\omega C}} = \frac{j\omega CR}{(-\omega^2 LC + R_2) + j\omega CR + 1}$$

$$= \frac{j\omega \times \frac{1}{5} \times 1}{-\omega^2 \times 1 \times \frac{1}{5} + j\omega \times \frac{1}{5} \times 1 + 1} = \frac{j\omega}{-\omega^2 + j\omega + 5} = \frac{j\omega}{(5-\omega^2) + j\omega}$$

[답] ①

5. 그림과 같은 RC 브리지 회로의 전달 함수 $E_0(s)/E_i(s)$는?

① $\dfrac{1}{1+RCs}$

② $\dfrac{RCs}{1+RCs}$

③ $\dfrac{1+RCs}{1-RCs}$

④ $\dfrac{1-RCs}{1+RCs}$

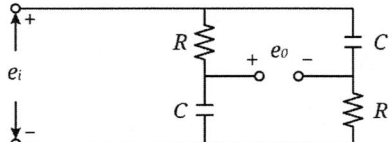

해설 5

(1) 우선 주어진 회로의 출력 전압 E_0를 전압 분배의 법칙에 의하여 구하면,

$$\bullet \; E_0 = \frac{\frac{1}{Cs}}{R + \frac{1}{Cs}} E_i - \frac{R}{\frac{1}{Cs} + R} E_i = \frac{1}{RCs + 1} E_i - \frac{RCs}{1 + RCs} E_i$$

(2) 따라서, 입력과 출력 전압에 대한 전압비 전달 함수는,

$$\bullet \; G(s) = \frac{E_0(s)}{E_i(s)} = \frac{1}{RCs + 1} - \frac{RCs}{1 + RCs} = \frac{1 - RCs}{1 + RCs}$$

[답] ④

6. 다음의 브리지 회로에서 입력 전압 e_i에 대한 출력 전압 e_0의 전달 함수를 구하면?

① $\dfrac{LCs^2+1}{LCs^2-1}$

② $\dfrac{1}{LCs^2+1}$

③ $\dfrac{1}{LCs^2-1}$

④ $\dfrac{LCs^2-1}{LCs^2+1}$

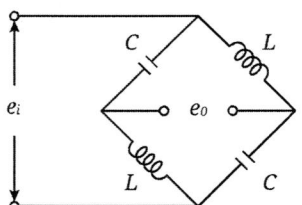

해설 6

(1) 우선 주어진 회로의 출력 전압 E_0를 전압 분배의 법칙에 의하여 구하면,

$$E_0 = \dfrac{Ls}{\dfrac{1}{Cs}+Ls}E_i - \dfrac{\dfrac{1}{Cs}}{Ls+\dfrac{1}{Cs}}E_i = \dfrac{LCs^2}{1+LCs^2}E_i - \dfrac{1}{LCs^2+1}E_i$$

(2) 따라서, 입력과 출력 전압에 대한 전압비 전달 함수는,

$$G(s) = \dfrac{E_0(s)}{E_i(s)} = \dfrac{LCs^2}{1+LCs^2} - \dfrac{1}{LCs^2+1} = \dfrac{LCs^2-1}{LCs^2+1}$$

[답] ④

7. 그림과 같은 회로에서 전압비 전달함수 $\left(\dfrac{E_0(s)}{E_i(s)}\right)$는?

① $\dfrac{R_1}{R_1Cs+1}$

② $\dfrac{s+1}{s+(R_1+R_2)+R_1R_2C}$

③ $\dfrac{R_1R_2s+RCs}{R_1Cs+R_1R_2s^2+C}$

④ $\dfrac{R_2+R_1R_2Cs}{R_2+R_1R_2Cs+R_1}$

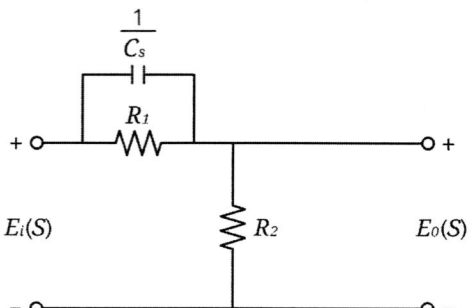

해설 7

(1) 우선 저항 R_1과 콘덴서 C 병렬 회로를 합성하면,

$$Z = \dfrac{\dfrac{1}{Cs} \times R_1}{\dfrac{1}{Cs} + R_1} = \dfrac{R_1}{1 + R_1 Cs}$$

(2) 출력 E_0에 대해서 전달 함수를 전압 분배의 법칙에 의하여 구하면,

$$G(s) = \dfrac{E_0}{E_i} = \dfrac{R_2}{\dfrac{R_1}{1+R_1 Cs} + R_2} = \dfrac{R_2(1+R_1 Cs)}{R_1 + R_2(1+R_1 Cs)} = \dfrac{R_2 + R_1 R_2 Cs}{R_1 + R_2 + R_1 R_2 Cs}$$

[답] ④

---

8. 그림과 같은 회로의 전달 함수는?

① $\dfrac{1}{CRs + 1 + \dfrac{R}{R_L}}$

② $\dfrac{1}{CRs + \dfrac{R}{R_L}}$

③ $\dfrac{1}{\dfrac{s}{CR} + 1 + \dfrac{R}{R_L}}$

④ $\dfrac{1}{\dfrac{s}{CR} + \dfrac{R}{R_L}}$

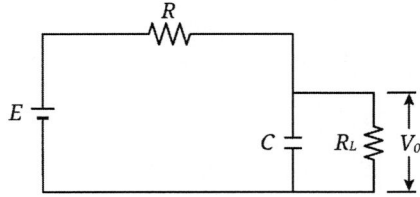

해설 8

저항 R_L과 콘덴서 C 병렬 회로를 합성하여, 출력 V_0에 대해서 전달 함수를 구하면,

$$Z = \dfrac{\dfrac{1}{Cs} \times R_L}{\dfrac{1}{Cs} + R_L} = \dfrac{R_L}{1 + R_L Cs}$$

$$G(s) = \dfrac{V_0}{V} = \dfrac{\dfrac{R_L}{1+R_L Cs}}{R + \dfrac{R_L}{1+R_L Cs}} = \dfrac{R_L}{R + RR_L Cs + R_L} = \dfrac{1}{\dfrac{R}{R_L} + RCs + 1}$$

[답] ①

9. 그림과 같은 $R-C$ 병렬 회로의 전달 함수 $\dfrac{E_0(s)}{I(s)}$ 는?

① $\dfrac{R}{RCs+1}$

② $\dfrac{C}{RCs+1}$

③ $\dfrac{RC}{RCs+1}$

④ $\dfrac{RCs}{RCs+1}$

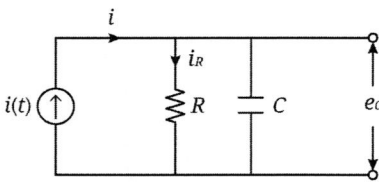

해설 9

$$\dfrac{E_0(s)}{I(s)} = Z(s) = \dfrac{R \times \dfrac{1}{Cs}}{R + \dfrac{1}{Cs}} = \dfrac{R}{RCs+1}$$

[답] ①

10. 그림과 같은 회로의 전달 함수 $\dfrac{V_0(s)}{I(s)}$ 는?

① $\dfrac{1}{s(C_1+C_2)}$

② $\dfrac{C_1 C_2}{C_1+C_2}$

③ $\dfrac{C_1}{s(C_1+C_2)}$

④ $\dfrac{C_2}{s(C_1+C_2)}$

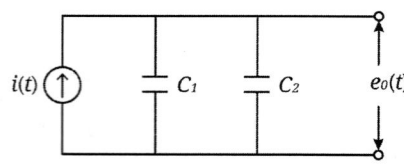

해설 10

$$\dfrac{V_0(s)}{I(s)} = Z(s) = \dfrac{\dfrac{1}{C_1 s} \times \dfrac{1}{C_2 s}}{\dfrac{1}{C_1 s} + \dfrac{1}{C_2 s}} = \dfrac{1}{C_2 s + C_1 s} = \dfrac{1}{s(C_1+C_2)}$$

[답] ①

11. 그림과 같은 회로에서 입력을 $v(t)$, 출력을 $i(t)$로 했을 때의 입·출력 전달 함수는? (단, 스위치 S는 $t=0$인 순간에 회로에 전압이 공급된다.)

① $\dfrac{s}{R\left(s+\dfrac{1}{RC}\right)}$

② $\dfrac{s}{RCs+1}$

③ $\dfrac{1}{RC\left(s+\dfrac{1}{RC}\right)}$

④ $\dfrac{RCs}{RCs+1}$

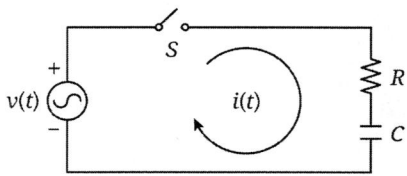

해설 11

$\dfrac{I(s)}{V(s)} = Y(s) = \dfrac{1}{Z(s)} = \dfrac{1}{R+\dfrac{1}{Cs}} = \dfrac{s}{Rs+\dfrac{1}{C}} = \dfrac{s}{R\left(s+\dfrac{1}{RC}\right)}$

[답] ①

12. 회로에서 $V_1(s)$를 입력, $V_2(s)$를 출력이라 할 때 전달 함수가 $\dfrac{1}{s+1}$이 되려면 $C[\text{F}]$의 값은?

① 1
② 0.1
③ 0.01
④ 0.001

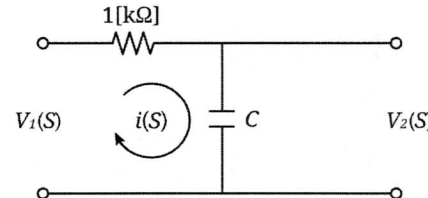

해설 12

$G(s) = \dfrac{V_2(s)}{V_1(s)} = \dfrac{\dfrac{1}{Cs}}{R+\dfrac{1}{Cs}} = \dfrac{1}{RCs+1} = \dfrac{1}{1000Cs+1} = \dfrac{1}{s+1}$ 이므로,

$C = \dfrac{1}{1000} = 0.001[\text{F}]$ 값이어야 한다.

[답] ④

13. 그림과 같은 피드백 제어계의 폐루프 전달 함수는?

① $\dfrac{R(s)\,C(s)}{1+G(s)}$

② $\dfrac{G(s)}{1+R(s)}$

③ $\dfrac{C(s)}{1+R(s)}$

④ $\dfrac{G(s)}{1+G(s)}$

해설 13

$G(s) = \dfrac{C(s)}{R(s)} = \dfrac{G(s)}{1-(-G(s))} = \dfrac{G(s)}{1+G(s)}$

[답] ④

14. 그림의 두 블록 선도가 등가인 경우 A 요소의 전달 함수는?

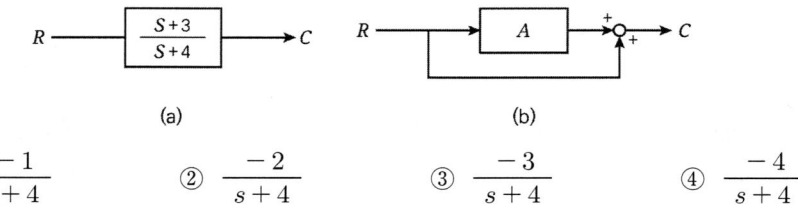

(a)   (b)

① $\dfrac{-1}{s+4}$ ② $\dfrac{-2}{s+4}$ ③ $\dfrac{-3}{s+4}$ ④ $\dfrac{-4}{s+4}$

해설 14

(1) 우선, (a) 그림에 대한 전달 함수는,

$G(s) = \dfrac{C(s)}{R(s)} = \dfrac{\frac{s+3}{s+4}}{1-0} = \dfrac{s+3}{s+4}$

(2) 또한, (b) 그림에 대한 전달 함수는,

$G(s) = \dfrac{C(s)}{R(s)} = \dfrac{A+1}{1-0} = A+1$

(3) 따라서, 두 블록 선도는 등가이므로 결과가 같아야 한다. 즉,

$\dfrac{s+3}{s+4} = A+1 \Rightarrow \; \bullet \; A = \dfrac{s+3}{s+4} - 1 = \dfrac{s+3}{s+4} - \dfrac{s+4}{s+4} = \dfrac{-1}{s+4}$

[답] ①

15. 다음 블록 선도의 변환에서 (A)에 맞는 것은?

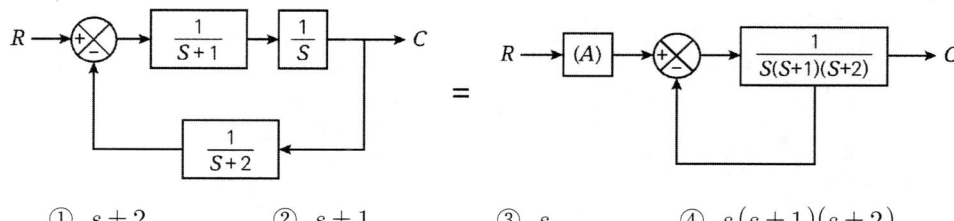

① $s+2$ ② $s+1$ ③ s ④ $s(s+1)(s+2)$

해설 15

(1) 우선, 왼쪽 그림에 대한 전달 함수는,

$$G(s) = \frac{C(s)}{R(s)} = \frac{\frac{1}{s+1} \times \frac{1}{s}}{1 - \left(-\frac{1}{s+1} \times \frac{1}{s} \times \frac{1}{s+2}\right)}$$

$$= \frac{\frac{1}{s(s+1)}}{1 + \frac{1}{s(s+1)(s+2)}} = \frac{s+2}{s(s+1)(s+2)+1}$$

(2) 또한, 오른쪽 그림에 대한 전달 함수는,

$$G(s) = \frac{C(s)}{R(s)} = \frac{A \times \frac{1}{s(s+1)(s+2)}}{1 - \left(-\frac{1}{s(s+1)(s+2)}\right)}$$

$$= \frac{\frac{A}{s(s+1)(s+2)}}{1 + \frac{1}{s(s+1)(s+2)}} = \frac{A}{s(s+1)(s+2)+1}$$

(3) 따라서, 두 블록 선도는 등가이므로 결과가 같아야 한다. 즉,

$$\frac{s+2}{s(s+1)(s+2)+1} = \frac{A}{s(s+1)(s+2)+1} \Rightarrow \quad \cdot \; A = s+2$$

[답] ①

16. 그림의 블록 선도에서 전달 함수로 표시한 것은?

① $\dfrac{12}{5}$

② $\dfrac{16}{5}$

③ $\dfrac{20}{5}$

④ $\dfrac{28}{5}$

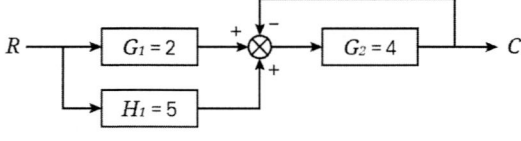

해설 16

$G(s) = \dfrac{C(s)}{R(s)} = \dfrac{2\times 4 + 5\times 4}{1-(-4)} = \dfrac{28}{5}$

[답] ④

17. 다음 그림의 블록 선도에서 C/R는?

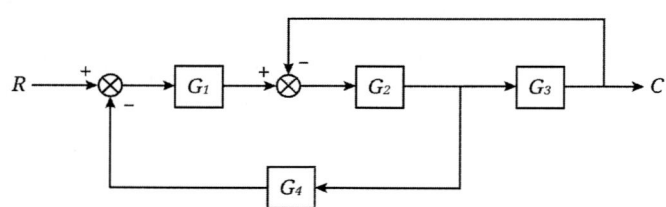

① $\dfrac{G_3 G_4}{1+G_1 G_2 G_3}$

② $\dfrac{G_1 G_3}{1+G_1 G_2 + G_3 G_4}$

③ $\dfrac{G_1 G_2 G_3}{1+G_2 G_3 + G_1 G_2 G_4}$

④ $\dfrac{G_1 G_2}{1+G_2 G_3 + G_1 G_4}$

해설 17

$G(s) = \dfrac{C(s)}{R(s)} = \dfrac{G_1 \times G_2 \times G_3}{1-(-G_1 \times G_2 \times G_4)-(-G_2 \times G_3)} = \dfrac{G_1 G_2 G_3}{1+G_1 G_2 G_4 + G_2 G_3}$

[답] ③

18. 그림과 같은 피드백 회로의 종합 전달 함수는?

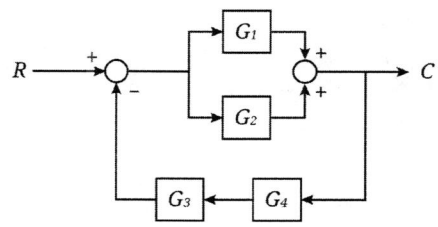

① $\dfrac{G_1 G_3}{1 + G_1 G_2 + G_3 G_4}$ ② $\dfrac{G_1 + G_2}{1 + G_1 G_3 G_4 + G_2 G_3 G_4}$

③ $\dfrac{G_1 + G_2}{1 + G_1 G_2 G_3 G_4}$ ④ $\dfrac{G_1 G_2}{1 + G_4 G_2 + G_3 G_1}$

해설 18

$G(s) = \dfrac{C(s)}{R(s)} = \dfrac{G_1 + G_2}{1 - (-G_1 \times G_4 \times G_3) - (-G_2 \times G_4 \times G_3)} = \dfrac{G_1 + G_2}{1 + G_1 G_3 G_4 + G_2 G_3 G_4}$

[답] ②

19. 블록 선도에서 $r(t) = 25$, $G_1 = 1$, $H_1 = 5$, $c(t) = 50$ 일 때 H_2를 구하면?

① $\dfrac{1}{4}$
② $\dfrac{1}{10}$
③ $\dfrac{2}{5}$
④ $\dfrac{2}{3}$

해설 19

$\dfrac{C(s)}{R(s)} = \dfrac{50}{25} = 2 = \dfrac{G_1}{1 - G_1 H_1 H_2} = \dfrac{1}{1 - 1 \times 5 \times H_2}$ 에서, $H_2 = \dfrac{1 - 0.5}{5} = \dfrac{0.5}{5} = \dfrac{1}{10}$

[답] ②

20. 그림과 같은 2중 입력으로 된 블록 선도의 출력 C는?

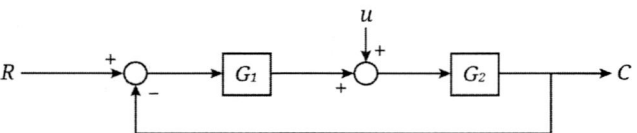

① $\left(\dfrac{G_2}{1-G_1G_2}\right)(G_1R+u)$ ② $\left(\dfrac{G_2}{1+G_1G_2}\right)(G_1R+u)$

③ $\left(\dfrac{G_2}{1-G_1G_2}\right)(G_1R-u)$ ④ $\left(\dfrac{G_2}{1+G_1G_2}\right)(G_1R-u)$

해설 20

① $\dfrac{C}{R} = \dfrac{G_1 \times G_2}{1-(-G_1 \times G_2)} = \dfrac{G_1G_2}{1+G_1G_2} \Rightarrow \ \cdot C = \dfrac{G_1G_2}{1+G_1G_2}R$

② $\dfrac{C}{u} = \dfrac{G_2}{1-(-G_1 \times G_2)} = \dfrac{G_2}{1+G_1G_2} \Rightarrow \ \cdot C = \dfrac{G_2}{1+G_1G_2}u$

$\therefore C = \dfrac{G_1G_2}{1+G_1G_2}R + \dfrac{G_2}{1+G_1G_2}u = \dfrac{G_2}{1+GG_2}(G_1R+u)$

[답] ②

21. 그림과 같은 블록 선도에서 외란이 있는 경우의 출력은?

① $H_1H_2e_i + H_2e_f$
② $H_1H_2(e_i+e_f)$
③ $H_1e_i + H_2e_f$
④ $H_1H_2e_ie_f$

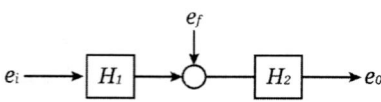

해설 21

① $\dfrac{e_0}{e_i} = \dfrac{H_1 \times H_2}{1-0} = H_1H_2 \Rightarrow \ \cdot e_0 = H_1H_2e_i$

② $\dfrac{e_0}{e_f} = \dfrac{H_2}{1-0} = H_2 \Rightarrow \ \cdot e_0 = H_2e_f$

$\therefore e_0 = H_1H_2e_i + H_2e_f$

[답] ①

22. 그림의 신호 흐름 선도를 단순화하면?

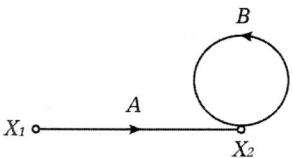

① $X_1 \xrightarrow{AB} X_2$
② $X_1 \xrightarrow{1/A-B} X_2$
③ $X_1 \xrightarrow{A/1-B} X_2$
④ $X_1 \xrightarrow{1-B} X_2$

해설 22

(1) 우선, 문제에 주어진 선도의 전달 함수를 구하면,

$$\frac{X_2}{X_1} = \frac{A}{1-B}$$

(2) 따라서, 이를 다시 신호 흐름 선도로 그려보면,

$X_1 \xrightarrow{A/1-B} X_2$

[답] ③

23. 그림의 신호 흐름 선도에서 $\dfrac{C}{R}$ 는?

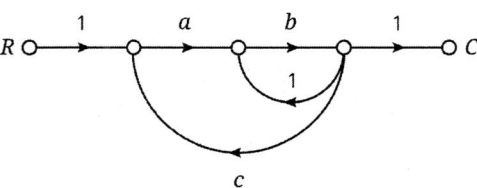

① $\dfrac{ab}{1+b-abc}$
② $\dfrac{ab}{1-b-abc}$
③ $\dfrac{ab}{1-b+abc}$
④ $\dfrac{ab}{1-ab+abc}$

해설 23

$$\frac{C}{R} = \frac{1 \times a \times b \times 1}{1 - b \times 1 - a \times b \times c} = \frac{ab}{1-b-abc}$$

[답] ②

24. 그림과 같은 신호 흐름 선도에서 $\dfrac{C}{R}$를 구하면?

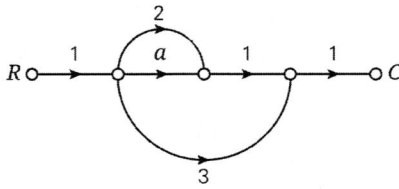

① $a+2$ ② $a+3$ ③ $a+5$ ④ $a+6$

해설 24

$$\dfrac{C}{R} = \dfrac{1\times a \times 1 \times 1 + 1 \times 2 \times 1 \times 1 + 1 \times 3 \times 1}{1-0} = a+2+3 = a+5$$

[답] ③

25. 그림과 같은 신호 흐름 선도에서 $\dfrac{C}{R}$는?

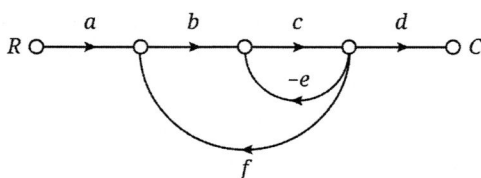

① $\dfrac{abcd}{1+ce+bcf}$ ② $\dfrac{abcd}{1-ce+bcf}$ ③ $\dfrac{abcd}{1+ce-bcf}$ ④ $\dfrac{abcd}{1-ce-bcf}$

해설 25

$$\dfrac{C}{R} = \dfrac{a \times b \times c \times d}{1-(-c \times e)-(b \times c \times f)} = \dfrac{abcd}{1+ce-bcf}$$

[답] ③

26. 그림의 신호 흐름 선도에서 $\dfrac{C}{R}$를 구하면?

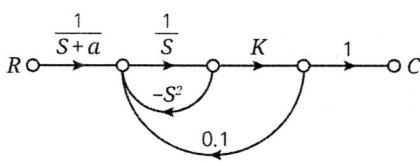

① $(s+a)(s^2-s-0.1K)$
② $(s-a)(s^2-s-0.1K)$
③ $\dfrac{K}{(s+a)(s^2-s-0.1K)}$
④ $\dfrac{K}{(s+a)(s^2+s-0.1K)}$

해설 26

$$\dfrac{C}{R} = \dfrac{\dfrac{1}{s+a} \times \dfrac{1}{s} \times K \times 1}{1-\left(-\dfrac{1}{s}\times s^2\right)-\left(\dfrac{1}{s}\times K \times 0.1\right)} = \dfrac{\dfrac{K}{s(s+a)}}{1+s-\dfrac{0.1K}{s}} = \dfrac{\dfrac{K}{s+a}}{s^2+s-0.1K}$$

$$= \dfrac{K}{(s+a)(s^2+s-0.1K)}$$

[답] ④

27. 신호 흐름 선도의 전달 함수는?

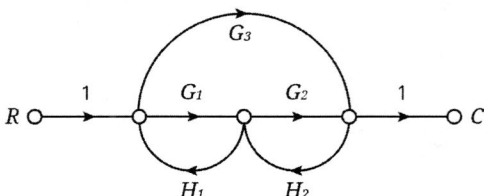

① $\dfrac{G_1G_2+G_3}{1-(G_1H_1+G_2H_2)-G_3H_1H_2}$
② $\dfrac{G_1G_2+G_3}{1-(G_1H_1-G_2H_2)}$
③ $\dfrac{G_1G_2-G_3}{1-(G_1H_1-G_2H_2)}$
④ $\dfrac{G_1G_2-G_3}{1-(G_1H_1+G_2H_2)}$

해설 27

$$\dfrac{C}{R} = \dfrac{1\times G_1 \times G_2 \times 1 + 1\times G_3 \times 1}{1-G_1H_1-G_2H_2-G_3\times H_2 \times H_1} = \dfrac{G_1G_2+G_3}{1-G_1H_1-G_2H_2-G_3H_1H_2}$$

$$= \dfrac{G_1G_2+G_3}{1-(G_1H_1+G_2H_2)-G_3H_1H_2}$$

[답] ①

28. 아래 신호 흐름 선도의 전달 함수 $\dfrac{C}{R}$를 구하면?

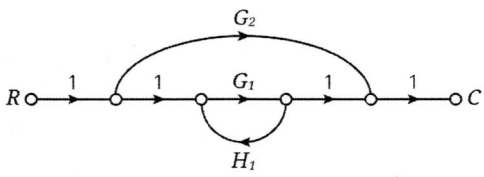

① $\dfrac{G_1 + G_2}{1 - G_1 H_1}$
② $\dfrac{G_1 + G_2}{1 - G_1 H_1 + G_2 H_2}$
③ $\dfrac{G_1 + G_2(1 - G_1 H_1)}{1 - G_1 H_1}$
④ $\dfrac{G_1 G_2}{1 - G_1 H_1}$

해설 28

문제에 주어진 선도는 경로(G_2)에 접하지 않는 폐루프($G_1 H_1$)가 있는 경우이다. 따라서,
$\dfrac{C}{R} = \dfrac{G_1 + G_2 \times (1 - G_1 H_1)}{1 - G_1 H_1}$ 과 같이 풀어야 한다.

[답] ③

29. 아래 신호 흐름 선도의 전달 함수 $\dfrac{C}{R}$를 구하면?

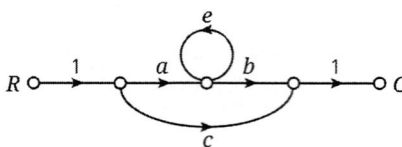

① $\dfrac{ab + c(1 - e)}{1 - e}$
② $\dfrac{ab + c}{1 - e}$
③ $ab + c$
④ $\dfrac{ab + c(1 + e)}{1 + e}$

해설 29

문제에 주어진 선도는 c 경로에 접하지 않는 폐루프(e)가 있는 경우이다. 따라서,

- $G(s) = \dfrac{1 \times a \times b \times 1 + c \times (1-e)}{1-e} = \dfrac{ab + c(1-e)}{1-e}$

[답] ①

30. 그림의 신호 흐름 선도의 전달 함수 $\dfrac{C}{R}$를 구하면?

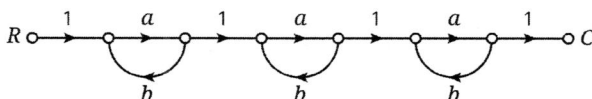

① $\dfrac{a^3}{(1-ab)^3}$ ② $\dfrac{a^3}{1-3ab+a^2b^2}$

③ $\dfrac{a^3}{1-3ab}$ ④ $\dfrac{a^3}{1-3ab+2a^2b^2}$

해설 30

직렬 종속 접속

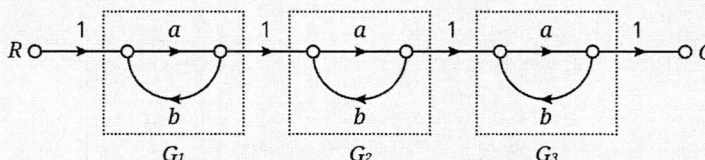

① G_1, G_2, G_3가 서로 직렬로 종속적인 관계로서, 우선 각각의 전달 함수를 구한다.

- $G_1 = G_2 = G_3 = \dfrac{a}{1-ab}$

② 따라서, 전체 전달 함수는,

- $G = G_1 \times G_2 \times G_3 = \dfrac{a}{1-ab} \times \dfrac{a}{1-ab} \times \dfrac{a}{1-ab} = \dfrac{a^3}{(1-ab)^3}$

[답] ①

31. 그림의 신호 흐름 선도의 전달 함수 $\dfrac{C}{R}$를 구하면?

① $\dfrac{a^3}{(1-ab)^3}$ ② $\dfrac{a^3}{1-3ab+a^2b^2}$

③ $\dfrac{3a}{1-ab}$ ④ $\dfrac{a^3}{1-3ab+2a^2b^2}$

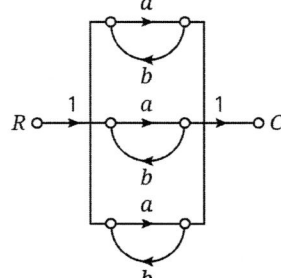

해설 31

병렬 종속 접속

① G_1, G_2, G_3가 서로 직렬로 종속적인 관계로서, 우선 각각의 전달 함수를 구한다.
- $G_1 = G_2 = G_3 = \dfrac{a}{1-ab}$

② 따라서, 전체 전달 함수는,
- $G = G_1 + G_2 + G_3 = \dfrac{a}{1-ab} + \dfrac{a}{1-ab} + \dfrac{a}{1-ab} = \dfrac{3a}{1-ab}$

[답] ③

32. 입력 신호가 v_i, 출력 신호가 v_0일 때, $a_1 v_0 + a_2 \dfrac{dv_0}{dt} + a_3 \int v_0\, dt = v_i$의 전달 함수는?

① $\dfrac{s}{a_2 s^2 + a_1 s + a_3}$ ② $\dfrac{1}{a_2 s^2 + a_1 s + a_3}$

③ $\dfrac{s}{a_3 s^2 + a_2 s + a_1}$ ④ $\dfrac{1}{a_3 s^2 + a_2 s + a_1}$

해설 32

(1) 우선, 주어진 방정식을 라플라스 변환하면,

$a_1 V_0 + a_2 s\, V_0 + a_3 \dfrac{1}{s} V_0 = V_i$

(2) 따라서, 입력 전압과 출력 전압에 대한 전달 함수는,

$\dfrac{V_0}{V_i} = \dfrac{1}{a_1 + a_2 s + a_3 \dfrac{1}{s}} = \dfrac{s}{a_2 s^2 + a_1 s + a_3}$

[답] ①

33. 미분 방정식 $\dfrac{d^2y}{dt^2} + 3\dfrac{dy}{dt} + 2y = x + \dfrac{dx}{dt}$ 로 나타낼 수 있는 선형계의 전달 함수는? (단, $y(t)$는 계의 출력, $x(t)$는 계의 입력이다.)

① $\dfrac{s+2}{3s^2+s+1}$ ② $\dfrac{s+1}{2s^2+s+3}$

③ $\dfrac{s+1}{s^2+3s+2}$ ④ $\dfrac{s+1}{s^2+s+3}$

해설 33

(1) 우선, 주어진 방정식을 라플라스 변환하면,
$s^2Y + 3sY + 2Y = X + sX$

(2) 따라서, 입력과 출력에 대한 전달 함수는,
$\dfrac{Y}{X} = \dfrac{1+s}{s^2+3s+2}$

[답] ③

34. 어떤 계를 표시하는 미분 방정식이

$\dfrac{d^2y(t)}{dt^2} + 3\dfrac{dy(t)}{dt} + 2y(t) = \dfrac{dx(t)}{dt} + x(t)$ 라고 한다. $x(t)$는 입력, $y(t)$는 출력이라고 한다면 이 계의 전달 함수는 어떻게 표시되는가?

① $G(s) = \dfrac{s^2+3s+2}{s+1}$ ② $G(s) = \dfrac{2s+1}{s^2+s+1}$

③ $G(s) = \dfrac{s+1}{s^2+3s+2}$ ④ $G(s) = \dfrac{s+1}{s^2+s+3}$

해설 34

(1) 우선, 주어진 방정식을 라플라스 변환하면,
$s^2Y(s) + 3sY(s) + 2Y(s) = sX(s) + X(s)$

(2) 따라서, 입력과 출력에 대한 전달 함수는,
$\dfrac{Y(s)}{X(s)} = \dfrac{s+1}{s^2+3s+2}$

[답] ③

35. 시간 지연 요인을 포함한 어떤 특정계가 다음 미분 방정식으로 표현된다. 이 계의 전달 함수를 구하면?

$$\frac{dy(t)}{dt} + y(t) = x(t-T)$$

① $P(s) = \dfrac{Y(s)}{X(s)} = \dfrac{e^{-sT}}{s+1}$ ② $P(s) = \dfrac{Y(s)}{X(s)} = \dfrac{e^{sT}}{s-1}$

③ $P(s) = \dfrac{Y(s)}{X(s)} = \dfrac{s+1}{e^{sT}}$ ④ $P(s) = \dfrac{Y(s)}{X(s)} = \dfrac{e^{-2sT}}{s+1}$

해설 35

(1) 우선, 주어진 방정식을 라플라스 변환하면,
$sY(s) + Y(s) = X(s)e^{-Ts}$

(2) 따라서, 입력과 출력에 대한 전달 함수는,
$\dfrac{Y(s)}{X(s)} = \dfrac{e^{-Ts}}{s+1}$

[답] ①

36. 입력 신호 $x(t)$와 출력 신호 $y(t)$의 관계가 다음과 같을 때 전달 함수는?

(단, $\dfrac{d^2}{dt^2}y(t) + 5\dfrac{d}{dt}y(t) + 6y(t) = x(t)$)

① $\dfrac{1}{(s+2)(s+3)}$ ② $\dfrac{s+1}{(s+2)(s+3)}$

③ $\dfrac{s+4}{(s+2)(s+3)}$ ④ $\dfrac{s}{(s+2)(s+3)}$

해설 36

(1) 우선, 주어진 방정식을 라플라스 변환하면,
$s^2Y(s) + 5sY(s) + 6Y(s) = X(s)$

(2) 따라서, 입력과 출력에 대한 전달 함수는,
$\dfrac{Y(s)}{X(s)} = \dfrac{1}{s^2+5s+6} = \dfrac{1}{(s+2)(s+3)}$

[답] ①

37. 전달 함수가 $G(s) = \dfrac{Y(s)}{X(s)} = \dfrac{10}{(s+1)(s+2)}$ 인 계를 미분 방정식 형으로 나타낸 것은?

① $\dfrac{d^2}{dt^2}x(t) + 3\dfrac{d}{dt}x(t) + 2x(t) = 10\,y(t)$

② $\dfrac{d^2}{dt^2}x(t) + 3\dfrac{d}{dy}x(t) + 2x(t) = 10$

③ $\dfrac{d^2}{dt^2}y(t) + 3\dfrac{d}{dt}y(t) + 2y(t) = 10\,x(t)$

④ $\dfrac{d^2}{dt^2}y(t) + 3\dfrac{d}{dx}y(t) + 2y(t) = 10$

해설 37

(1) 우선, 주어진 전달 함수에서 각각의 분모들을 반대 분자에 넘겨 형태로 변환하면,

$(s+1)(s+2)\,Y(s) = 10\,X(s) \quad \Rightarrow \quad s^2 Y(s) + 3s\,Y(s) + 2\,Y(s) = 10\,X(s)$

(2) 따라서, 역 라플라스 변환하여 미분 방정식을 구하면,

$\dfrac{d^2}{dt^2}y(t) + 3\dfrac{d}{dt}y(t) + 2y(t) = 10\,x(t)$

[답] ③

---

38. $\dfrac{X(s)}{R(s)} = \dfrac{1}{s+4}$ 의 전달 함수를 미분 방정식으로 표시하면?

① $\dfrac{d}{dt}r(t) + 4\,r(t) = x(t)$ ② $\displaystyle\int r(t)\,dt + 4\,r(t) = x(t)$

③ $\dfrac{d}{dt}x(t) + 4\,x(t) = r(t)$ ④ $\displaystyle\int x(t)\,dt + 4\,x(t) = r(t)$

해설 38

(1) 우선, 주어진 전달 함수에서 각각의 분모들을 반대 분자에 넘겨 형태로 변환하면,

$s\,X(s) + 4\,X(s) = R(s)$

(2) 따라서, 역 라플라스 변환하여 미분 방정식을 구하면,

$\dfrac{d}{dt}x(t) + 4\,x(t) = r(t)$

[답] ③

39. $\dfrac{A(s)}{B(s)} = \dfrac{1}{2s+1}$ 의 전달 함수를 미분 방정식으로 표시하면?

① $\dfrac{da(t)}{dt} + 2a(t) = 2b(t)$ ② $2\dfrac{da(t)}{dt} + a(t) = 2b(t)$

③ $\dfrac{da(t)}{dt} + 2a(t) = b(t)$ ④ $2\dfrac{da(t)}{dt} + a(t) = b(t)$

해설 39

(1) 우선, 주어진 전달 함수에서 각각의 분모들을 반대 분자에 넘겨 형태로 변환하면,
$$2sA(s) + A(s) = B(s)$$

(2) 따라서, 역 라플라스 변환하여 미분 방정식을 구하면,
$$2\dfrac{d}{dt}a(t) + a(t) = b(t)$$

[답] ④

40. 어떤 계의 임펄스 응답(impulse response)이 정현파 신호 $\sin t$ 일 때, 이 계의 전달 함수와 미분 방정식을 구하면?

① $\dfrac{1}{s^2+1}$, $\dfrac{d^2y}{dt^2} + y = x$ ② $\dfrac{1}{s^2-1}$, $\dfrac{d^2y}{dt^2} + 2y = 2x$

③ $\dfrac{1}{2s+1}$, $\dfrac{d^2y}{dt^2} - y = x$ ④ $\dfrac{1}{2s^2-1}$, $\dfrac{d^2y}{dt^2} - 2y = 2x$

해설 40

(1) 임펄스 응답이란, 임펄스 신호 $\delta(t)$를 입력으로 가했을 때의 출력으로서,

$r(t) = \delta(t)$ → $G(S)$ → $y(t) = \sin t$
$R(S) = 1$ $Y(S) = \dfrac{1}{s^2+1^2}$

(2) 따라서, 전달 함수는, $\dfrac{Y(s)}{R(s)} = \dfrac{\frac{1}{s^2+1^2}}{1} = \dfrac{1}{s^2+1}$

(3) 위 전달 함수를 역 라플라스 변환하여 미분 방정식을 구하면,
$$s^2 Y(s) + Y(s) = R(s) \Rightarrow \dfrac{d^2}{dt^2}y(t) + y(t) = r(t)$$

[답] ①

편저자	윤석만
	고려대학교 전기공학과 졸업
	現 배울학 전기 교수
	現 오진택 기술사전문학원 교수
	前 대양 전기학원 교수
	前 김상훈 전기학원 교수
	前 김기남 전기학원 교수
	前 대한 전기학원 교수

발송배전기술사 / 전기기사

· 배울학 ④ 전력공학
· 배울학 ⑤ 제어공학
· 2022 배울학 전기기사 766 필기 7개년 기출문제집
· 2022 배울학 전기공사기사 766 필기 7개년 기출문제집
· 배울학 전기산업기사 1033 필기 10개년 기출문제집
· 배울학 전기공사산업기사 1033 필기 10개년 기출문제집
· 회로이론(NT미디어)
· 전력공학(NT미디어)
· 발송배전기술사-기본서 상·하(윤북스)
· 발송배전기술사-심화과정문제풀이집 상·하 (윤북스)
· 발송배전기술사-기출문제풀이집(윤북스)

배울학 회로이론

발행일	2022. 03. 01 1쇄 발행
발행처	배울학
주소	서울특별시 동대문구 왕산로26길 35, 301호
이메일	help@baeulhak.com

ISBN	979-11-89762-44-5
정가	15,000원

· 교재에 관한 문의나 의견, 시험 관련 정보는 배울학 홈페이지 http://electric.baeulhak.com을 이용해주시기 바랍니다.
· 이 책의 모든 부분은 배울학 발행인의 승인문서 없이 복사, 재생 등 무단복제를 금합니다.

※ 이 도서의 파본은 교환해드립니다.